AF549975

ÖKOLOGISCHE
VERANTWORTUNG

CHRISTIAN SCHUCHARDT

Unternehmensnachfolge in KMU

Wissen bewahren
Change anstoßen
Zukunft gestalten

Externe Links wurden bis zum Zeitpunkt der Drucklegung des Buches geprüft.
Auf etwaige Änderungen zu einem späteren Zeitpunkt hat der Verlag keinen Einfluss
Eine Haftung des Verlags ist daher ausgeschlossen.

Bibliografische Information der Deutschen Nationalbibliothek

Die Deutsche Nationalbibliothek verzeichnet diese Publikation in der Deutschen Nationalbibliografie; detaillierte bibliografische Daten sind im Internet über http://dnb.d-nb.de abrufbar.

ISBN 978-3-96739-140-4

Lektorat: Christoph Landgraf | www.lektoratlandgraf.de
Umschlaggestaltung: SCOPE we think design / Insa González | scope-ffm.com
Autorenfoto: studioline Photography
Satz und Layout: Das Herstellungsbüro, Hamburg | www.buch-herstellungsbuero.de
Druck und Bindung: Salzland Druck, Staßfurt

Wir drucken in Deutschland.

www.gabal-verlag.de
www.gabal-magazin.de
www.facebook.com/Gabalbuecher
www.twitter.com/gabalbuecher
www.instagram.com/gabalbuecher

Inhalt

Anhang

Einleitung: Königsdisziplin Unternehmensnachfolge

Es ist nicht übertrieben, zu sagen, dass die Regelung der Unternehmensnachfolge zu den Königsdisziplinen der Betriebsführung gehört.

Schließlich galt die Sicherung des Erbens bereits unter den mittelalterlichen, feudalen Herrschern vergangener Tage als eine der größten Herausforderungen, war mit ihr doch die Erhaltung von Herrschafts- und Gebietsansprüchen verbunden. Da wundert es nicht, dass man seinerzeit auf so einige Kniffe und trickreiche Vorgehensweisen wie Intrigen, Machtkriege oder auch strategische Ehebünde setzte. Glücklicherweise gelten heute andere moralische Standards und niemand muss mehr auf derlei Methoden zurückgreifen. Dennoch verspüren die meisten Menschen im Laufe ihres Lebens das starke innere Bedürfnis, die Werte, die sie geschaffen haben, in die Hände der nächsten Generation weiterzugeben – auf dass sie es einmal besser haben oder machen solle.

Unternehmensinhaber bilden hier freilich keine Ausnahme. Ganz im Gegenteil: Der eigene Betrieb wurde über viele Jahrzehnte unter großem persönlichen Einsatz mit Herzblut und oft auch unter vielerlei Verzicht aufgebaut und entwickelt. Man kennt dic eigenen Kunden und Lieferanten über viele Jahre und häufig sind auch die Mitarbeiter mit dem Unternehmen »groß geworden«, gehören sogar fast zur Familie. Auch am Standort, in der Region »ist man wer« – der Name des Betriebs ist untrennbar mit der Unternehmerpersönlichkeit verbunden. Kein Wunder also, dass den meisten Unternehmern sehr viel daran liegt, ihr Lebenswerk erfolgreich in die nächste Generation zu führen.

Allein deshalb hätte die Unternehmensnachfolge den Titel »Königsdisziplin« mehr als verdient. Wenn man nun noch die unterschiedlichen Handlungsfelder innerhalb des Prozesses betrachtet, die von rechtlichen über steuerlichen sowie von betriebswirtschaftlichen bis hin zu ganz persönlichen Fragestellungen reichen, werden die zeitlichen und inhaltlichen Dimensionen schnell deutlich. Da überrascht es nicht, dass Experten für den Nachfolgeprozess einen Vorbereitungszeitraum von drei bis sieben Jahren veranschlagen. Nicht zuletzt bedeutet die Staffelübergabe auch einen harten Schnitt für alle Beteiligten: Der Alltag wird künftig anders sein als bisher.

Genau diese Form der Veränderung ist jedoch im Wirtschafts- und Unternehmenskontext heute wichtiger denn je. Das Phänomen des Fachkräftemangels und die derzeitige Entwicklung zum Arbeitnehmermarkt sowie die wirtschaftspolitischen Rahmenbedingungen machen es für kleine und mittlere Unternehmen unterschiedlicher Branchen zunehmend schwer, qualifizierte Mitarbeiter zu finden und langfristig im Unternehmen zu halten. Diese jedoch bilden das Fundament für den nachhaltigen und tragfähigen Erfolg eines Unternehmens. Eine Unternehmenskultur, die auf einer starken Wissensbasis, auf Wertschätzung, Vertrauen und gegenseitiger Unterstützung aufbaut, bildet daher heute mehr denn je einen entscheidenden Wettbewerbsfaktor im »War for Talents«.

Da kleine und mittlere Unternehmen in der Regel eher zu familiären und persönlichen Arbeitsumfeldern neigen, können sie die hierfür notwendigen kulturellen Veränderungen meist schneller meistern als große Unternehmen mit konzernartigen Strukturen. Doch das setzt neben einer inneren Veränderungsbereitschaft auch einen starken Gestaltungswillen voraus. Beides – so viel Ehrlichkeit sei an dieser Stelle erlaubt – fällt nicht wenigen Menschen mit zunehmendem Alter naturgemäß schwerer.

Deshalb gilt es, im Rahmen der Unternehmensnachfolge sowohl für den Senior-Unternehmer als auch für den Nachfolger einen komplexen Veränderungsprozess auszulösen, der sowohl Aspekte des Change-Managements wie Methoden des Wissenstransfers und der Veränderung von Unternehmenskulturen umfasst.

Genau um diese Prozess-Trias geht es in diesem Buch. Und um den Impuls, den Nachfolgeprozess als Möglichkeit zu sehen, durch einen gelungenen Wissenstransfer und eine Transformation der Unternehmenskultur aktiv einen Veränderungsprozess zu gestalten, der nachhaltig die wichtigsten weichen Wettbewerbsfaktoren im Unternehmen sichert: die Wissensbasis und die Kultur.

Für interessierte Leser hält das Buch daher Hinweise, Methoden und Modelle bereit, die bei der Bewältigung der unterschiedlichen Handlungsfelder und Prozessschritte strukturierend unterstützen und helfen können.

Dabei sei vorausgeschickt, dass aufgrund der den einzelnen Themen innewohnenden Komplexität die hier aufgeführten Methoden keinesfalls inhaltlich und abschließend vollumfassend und vollständig sein können. Fachkundige Unterstützung durch den Einbezug von Experten ist bei der Bewältigung des Prozesses unbedingt empfehlenswert. Dieses Buch kann daher nur einen ersten Überblick über die unterschiedlichen Themenfelder, Herausforderungen und Lösungsansätze sowie im Anlagenteil bestimmtes Arbeits- und Hilfsmaterial geben. Dieses Buch kann dabei als Richtschnur dienen, nach dessen Lektüre und Bearbeitung ein Prozess schrittweise bearbeitet werden kann. Durch das Anschneiden und Aufzeigen von Handlungsfeldern will es dazu beitragen, dass Unternehmer, die ihren Betrieb im Rahmen der Königsdisziplin Unternehmensnachfolge abgeben wollen, und Nachfolger, die ein Unternehmen übernehmen möchten, leichter in ihre neuen Rollen schlüpfen können: als wertvolle Ratgeber, die ihr Wissen und ihre Erfahrung teilen und kluge künftige Unternehmenslenker, die dieses Wissen anwenden und darauf aufbauen.

Noch ein kurzer Hinweis: Ausschließlich zur besseren Lesbarkeit wird im Folgenden auf die gleichzeitige Verwendung weiblicher und männlicher Sprachformen verzichtet und das generische Maskulinum verwendet. Sämtliche Personenbezeichnungen gelten selbstverständlich gleichermaßen für beide Geschlechter. Darüber hinaus werden bestimmte Begriffe wie Betrieb und Unternehmen hier synonym verwendet, auch wenn diese aus fachterminologischer Sicht natürlich zu unterscheiden sind.

Beim Lesen und bei Ihrem persönlichen Transformationsprozess wünsche ich Ihnen viel Freude und Erfolg.

Aufbau dieses Buchs

Teil A beschäftigt sich mit dem Generationswechsel im Mittelstand. Hier wird neben einer Annäherung an den Begriff des Mittelstands sowie der Spezifizierung kleiner und mittlerer Unternehmen nicht nur die Zielgruppe dieses Buches genauer beschrieben, sondern es werden auch aktuelle Entwicklungen im Themenfeld der Unternehmensnachfolge aufgezeigt. Ebenso wird der Nachfolgeprozess modellhaft beschrieben sowie gängige Handlungsfelder in diesem, wie z. B. die Unternehmensbewertung, eingehender beleuchtet.

In **Teil B** geht es um das Wissen und wieso es für Unternehmen einen essenziellen Wettbewerbsvorteil darstellt. Weiter werden neben den unterschiedlichen Wissensarten auch Methoden und Möglichkeiten vorgestellt, wie diese im Rahmen des Transferprozesses übertragen werden können, sodass sie auch nach der Übergabe des Unternehmens an den Nachfolger noch zur Verfügung stehen.

Teil C beschäftigt sich mit der Unternehmenskultur und zeigt ebenfalls im ersten Schritt auf, weshalb diese einen wichtigen Wettbewerbsfaktor für kleine und mittlere Unternehmen darstellt. Weiter wird sich dem Begriff der Unternehmenskultur schrittweise modellhaft angenähert sowie methodische Möglichkeiten zur Transformation dieser aufgezeigt. Der Begriff »Change« rückt als Überschrift für Veränderungsprozesse in den Fokus und es werden Methoden beschrieben, die diesen unterstützen können.

Teil A

Generationswechsel im Mittelstand

1. Der Mittelstand: Rückgrat der deutschen Wirtschaft

Nachdem die Begriffe »Mittelstand« und »kleine und mittlere Unternehmen« häufiger im Text verwendet werden, sollen diese hier noch einmal definitorisch genauer betrachtet werden. Die leitenden Fragestellungen lauten: Wer oder was ist gemeint, wenn man vom Mittelstand spricht? Welche Unternehmen können als dem Mittelstand zugehörig betrachtet werden? Wie lassen sich kleine von mittleren Unternehmen abgrenzen?

Der Mittelstand gilt als das Rückgrat des Wirtschaftsstandorts Deutschlands. Er ist vielfältig, innovativ und steht gleichermaßen für Stabilität und Fortschritt.

Das Bundesministerium für Wirtschaft und Klimaschutz (BMWK) hebt hervor, dass

- 55 % aller Arbeitsplätze in Deutschland im Mittelstand zu finden sind,
- 99,3 % aller Unternehmen in Deutschland dem Mittelstand zuzuordnen sind,
- 33 % des Gesamtumsatzes in Deutschland und damit 61 % der gesamten Wertschöpfungskette durch den Mittelstand erzielt wird.[1]

Bisher gibt es keine allgemeingültige oder gesetzliche Definition für den Begriff des Mittelstands. Daher wird er auch als Sammelbegriff für kleinere und mittlere Unternehmen verstanden, die vornehmlich in den Wirtschaftsbereichen des Handwerks, der Industrie, des Handels, dem Dienstleistungssektor tätig sind. Aber auch die sogenannten freien Berufe, wie z. B. Steuerberater, Rechtsanwälte, Notare oder Architekten, werden zum Mittelstand gezählt.

1.1. Quantitative Merkmale von KMU

Zur besseren begrifflichen Abgrenzung kann die EU-Empfehlung 2003/361 herangezogen werden. Diese beinhaltet verschiedene primär quantitative Unterscheidungsmerkmale.

Demnach haben:

Kleinstunternehmen

- weniger als 10 Mitarbeiter,
- einen Jahresumsatz oder eine Jahresbilanzsumme von höchstens 2 Mio. Euro.

Kleine Unternehmen

- weniger als 50 Mitarbeiter,
- einen Jahresumsatz oder eine Jahresbilanzsumme von höchstens 10 Mio. Euro.

Mittlere Unternehmen

- weniger als 250 Mitarbeiter und einen Jahresumsatz von höchstens 50 Mio. Euro oder eine Jahresbilanzsumme von höchstens 43 Mio. Euro.

Nicht als KMU definiert werden Unternehmen, in denen 25 % oder mehr des Kapitals oder der Stimmrechte von einer oder mehreren öffentlichen Stellen oder Körperschaften des öffentlichen Rechts einzeln oder gemeinsam kontrolliert werden.

1.2. Qualitative Merkmale von KMU

Neben den aufgeführten quantitativen Kriterien gibt es noch qualitative Merkmale, die als »typisch« für den Mittelstand angesehen werden.

Hierzu gehört beispielsweise die Tatsache, dass es sich bei mittelständischen Unternehmen überwiegend um Familienunternehmen handelt. Diese werden nicht zu Unrecht auch als das »Herzstück der sozialen Marktwirtschaft« bezeichnet.

Charakteristisch ist die enge Verzahnung von Eigentum, Haftung und Unternehmensführung bzw. Management. So ist der Inhaber des Unternehmens in der Regel auch gleichzeitig entweder Alleingesellschafter oder geschäftsführender Gesellschafter. Gerade diese Konstellation wissen Kunden, Lieferanten und auch Mitarbeiter meist zu schätzen, ist damit doch das Vertrauen verbunden, dass hier »das Wort des Chefs« gilt und ein besonderer Beweis für Ehrbarkeit ist. Darüber hinaus sind mittelständische Unternehmen meist stark in ihrer Region verwurzelt. Auch mit einem gewissen Blick auf Traditionen und der Besinnung darauf, »wo man herkommt«, sind KMU oft wichtige Arbeitgeber in Kommunen. Das zeigt sich auch im regionalen Engagement. Nicht selten unterstützen mittelständische Unternehmenslenker örtliche Sportvereine, die freiwillige Feuerwehr oder richten lokale Veranstaltungen aus. Besonders Familienunternehmen verfolgen häufig eine Unternehmensstrategie, die nicht vornehmlich auf die Erzielung von hohen Gewinnausschüttungen fokussiert ist, sondern einen zeitlich langfristigen und generationsübergreifenden Horizont im Blick hat.

1.3. Der Mittelstand als Wertegemeinschaft

Um den Mittelstand zu beschreiben, gilt es also, neben den genannten quantitativen und qualitativen Merkmalen, vor allem die Werte zu sehen, nach denen die meisten KMU handeln.

Mit Werten sind hier Überzeugungen gemeint, die Menschen als Orientierung und Maßstab für ihr Handeln anwenden. Sie entstehen im Zuge persönlicher, reflektierter Erfahrungen und dienen als normative Bewertungsgrundlage für Verhaltensweisen und Situationen. Damit strukturieren Werte zum einen das eigene Erleben und beeinflussen darüber hinaus persönliche Denkmuster und Entscheidungsprozesse.

Nicht umsonst wird mit dem Mittelstand häufig das Bild des ehrbaren Kaufmanns assoziiert. Auf dessen Wort ist Verlass, er ist verbindlich und hält getroffene Absprachen ein, auch wenn sie mündlich erfolgen. Er handelt meist auch unter sozialen Aspekten, das Wohl seiner Mitarbeiter und Mitmenschen liegt ihm am Herzen. Fairness im Wettbewerb ist ihm ebenso wichtig wie der nachhaltige Aufbau und Erhalt von Arbeitsplätzen. Er fühlt sich seinem Gewissen, der Region und der Gesellschaft gegenüber verpflichtet, weshalb er Orientierung im Bewährten sucht und manche durch den Zeitgeist getriebene Trendströmung durchaus hinterfragt. Gleichzeitig sind ihm Zurückhaltung und Bodenständigkeit wichtig.

Mittelständische Unternehmen bilden also auch eine Gemeinschaft, die durch gemeinsame Werte und Tugenden miteinander verbunden ist.

Mit Blick auf die unterschiedlichen Themen und Herausforderungen, die mit der Unternehmensnachfolge allgemein und speziell dem Wissenstransfer innerhalb des Prozesses im Zusammenhang stehen, können sich diese Werte durchaus als vorteilhaft für einen effektiven Prozess erweisen.

2. Die Unternehmensnachfolge: Staffelübergabe als geplanter Prozess

Synonym werden hierfür auch manchmal die Wörter »Generationswechsel«, »Staffelstabübergabe« oder schlicht »Nachfolge« verwendet. Gemeint ist jedoch immer, kompakt formuliert, ein Prozess, bei dem die Führung und/oder das Eigentum eines Unternehmens von einer Person auf eine andere übergeht.

In diesem Kapitel soll zunächst der Frage nachgegangen werden, welche Relevanz das Thema für kleine und mittlere Unternehmen hat, bevor die unterschiedlichen Arten der Unternehmensnachfolge und ihre Realisierungsmöglichkeiten vorgestellt werden. Auch wird ein Prozessmodell beschrieben, das die einzelnen Phasen der Nachfolge und die darin enthaltenden Handlungsfelder beschreibt.

2.1. Ist die Nachfolge wirklich ein Thema für kleine und mittlere Unternehmen?

Warum sollten sich gerade Inhaber kleiner und mittlerer Unternehmen mit der rechtzeitigen Planung der Unternehmensnachfolge befassen? Ist die Regelung der Nachfolge wirklich ein Thema, das für KMU von gesteigerter Relevanz ist? Schließlich verlangen neben dem operativen Tagesgeschäft bereits vielfältige weitere Herausforderungen die Aufmerksamkeit der Unternehmenslenker. Hierzu gehören beispielsweise unterschiedliche wirtschaftspolitische Themen, die einer Beurteilung und Planung bedürfen, technische, logistische oder organisatorische Probleme, die es zu lösen gilt oder neue Produkte, die sich in einem fortgeschrittenen Entwicklungsstadium befinden. Hinzu kommen auch emotionale Faktoren und die Tatsache, dass sich die wenigsten Unternehmer einer Altersgruppe zugehörig fühlen, für die es an der Zeit ist, ihre Nachfolge zu regeln.

Natürlich sind diese Argumente aus der persönlichen Perspektive des Unternehmenslenkers nachvollziehbar. Dennoch ist es nicht von der Hand zu weisen, dass die Planung und Projektierung der Betriebsübergabe strategische Fragen aufwirft, die für die Fortführung des Betriebs selbst entscheidend sind. Dazu gehört in erster Linie das eigene Lebenswerk des Unternehmers selbst, der – oftmals unter diversen Entbehrungen – Zeit, Energie, Herzblut und auch finanzielle Mittel investiert hat. Die Fortführung des Unternehmens selbst meint aber auch das Fortbestehen von ideellen Werten: vom professionellen und vertrauensvollen Umgang mit Kunden, Lieferanten und Mitarbeitern, von der ehrbaren Weise der Geschäftsführung, von kaufmännischem Geschick und strategischer Umsicht, von der Entwicklung von Produkten, die auf dem Markt ihresgleichen suchen. Mit seinem Betrieb hat der Unternehmer also bereits etwas geschaffen, das per se größer ist als er selbst. Daher sollte es gesondert von den persönlichen Befindlichkeiten und mit Blick auf die Verantwortung den Menschen gegenüber, die mit ihm verbunden sind, betrachtet werden, insbesondere den Mitarbeitern, Kunden und Lieferanten.

2.2. Die demografische Entwicklung: Ein Treiber der Unternehmensnachfolge

Auch ein Blick über den Rand des eigenen unternehmerischen Ökosystems hinaus in das gesellschaftliche und gesamtwirtschaftliche Umfeld kann hier hilfreich sein.

Megatrends wie der demografische Wandel, die Digitalisierung, New Work oder die Globalisierung haben einen unmittelbaren Einfluss auf die Gesellschaft und die Art und Weise, wie wir jetzt und künftig leben. Dies schließt wirtschaftspolitische Sachverhalte mit ein. Insbesondere der demografische Wandel trägt zu einer Veränderung von Marktstrukturen bei: Niedrige Geburtenraten lassen den Anteil an jungen Menschen in der Gesamtbevölkerung sinken, während gleichzeitig der Anteil älterer Menschen steigt.

Das Statistische Bundesamt zeigt in seiner 14. koordinierten Bevölkerungsvorausberechnung aus 2019 auf, dass die Alterung der Bevölkerung in Deutschland sich trotz hoher Nettozuwanderung und gestiegener Geburtenzahlen weiter verstärken wird. In der Vorausberechnung wird unter anderem das Bevölkerungswachstum in unterschiedlichen Altersgruppen bis ins Jahr 2060 prognostiziert.

Konkret lässt sich die Prognose des Statistischen Bundesamts in ihren Kernpunkten wie folgt zusammenfassen:

1. Die erwerbsfähige Bevölkerung in Deutschland, d.h. Menschen im Alter zwischen 20 und 66 Jahren, wird bis zum Jahr 2035 auf 45,8 bis 47,4 Millionen schrumpfen. 2018 waren noch 51,8 Millionen in dieser Altersgruppe. Dies entspricht einer Abnahme von 4 bis 6 Millionen. Bis 2060 wird sogar, trotz einer Nettozuwanderung, von einer erwerbsfähigen Bevölkerung von 40 bis 46 Millionen Menschen ausgegangen.

2. Gleichzeitig wächst der Anteil der älteren Bevölkerungsgruppe, zu der Menschen ab 67 Jahren gehören. Für diese Gruppe wird bis 2039 ein Wachstum auf mindestens 21 Millionen Menschen prognostiziert und bis 2060 auf diesem Niveau bleiben.

3. In der Bevölkerungsgruppe der Menschen über 80 Jahren ist ebenfalls mit einer Zunahme zu rechnen. Diese wird bis in die 2030er-Jahre auf 6,2 Millionen wachsen und dann bis ins Jahr 2050 auf 8,9 bis 10,5 Millionen Menschen ansteigen.

Prozentual lässt sich die koordinierte Bevölkerungsvorausberechnung so ausdrücken: Bereits in den 2030er-Jahren werden statistisch rund 23 % der Gesamtbevölkerung Deutschlands über 67 Jahre alt sein. Rund 58 % werden zur Gruppe der erwerbsfähigen Bevölkerung in der Altersgruppe zwischen 20 und 66 Jahren zählen. Die verbleibenden 19 % werden der Gruppe der unter 20-Jährigen angehören.[2]

Zusammengefasst lässt sich also feststellen: Die Menschen in Deutschland werden statistisch betrachtet älter und die Anzahl an älteren Menschen nimmt zu. Gleichzeitig ist die Anzahl an jungen Menschen, die der erwerbsfähigen Bevölkerung zugehörig sind, rückläufig.

Mit dieser Entwicklungsprognose gehen diverse gesellschaftspolitische und volkswirtschaftliche Fragestellungen einher, die von der Rentenversorgung über Medizin- und Pflegesysteme bis zu Familien- sowie Zuwanderungspolitik reichen.

Mit Blick auf den Generationswechsel in mittelständischen Betrieben bedeutet das: In den kommenden Jahren treten mehr Unternehmer den Ruhestand an, als Nachfolger vorhanden sind.

2.3. Ein Blick auf die Zahlen: Wie viele KMU sind betroffen?

Doch wie viele mittelständische Unternehmen in Deutschland betrifft die Nachfolge-Thematik konkret? Da es hierzu keine amtlichen statistischen Erhebungen gibt, können zur Beantwortung dieser Frage quantitative und qualitative Sekundärquellen herangezogen werden. Hier haben sich die regelmäßig erscheinenden Studien und Publikationen der Kreditanstalt für Wiederaufbau (KfW) und des Instituts für Mittelstandsforschung in Bonn (IfM Bonn) bewährt. Darüber hinaus kann auch die Anzahl der Gewerbeanzeigen des Statistischen Bundesamts als Informationsquelle in Betracht kommen.

Nach Schätzungen des volkswirtschaftlichen Kompetenzzentrums der Kreditanstalt für Wiederaufbau, KfW Research, streben rund 16 % der kleinen und mittleren Unternehmen in Deutschland bis 2025 eine Nachfolgelösung an. Das sind bei einer Gesamtzahl von etwa 3,8 Millionen mittelständischen Unternehmen rund 600.000 Betriebe.[3]

Das Institut für Mittelstandsforschung (IfM Bonn) erwartet, dass im Zeitraum 2022 bis 2026 etwa 190.000 Familienunternehmen einen Nachfolgeprozess durchlaufen werden.[4] Das sind rund 38.000 Nachfolgen pro Jahr.

Die Abweichungen der zu übergebenden Unternehmen in den genannten Quellen ergeben sich aus den unterschiedlichen Methodiken und Definitionsansätzen. So bezieht das Institut für Mittelstandsforschung in Bonn ausschließlich Familienbetriebe in die Betrachtung mit ein, die als übergabewürdig angesehen werden. Die Übergabewürdigkeit meint hierbei vor allem die finanzielle Attraktivität des Unternehmens für einen Übernehmer. So sollten die erzielten Gewinne des Unternehmens dem Übernehmer höhere Einkünfte ermöglichen als eine vergleichbare abhängige Beschäftigung.

Die Datenbasis der Studien und Veröffentlichungen der KfW Research hingegen speisen sich aus Befragungen von bis zu 15.000 privaten Unternehmen sämtlicher Wirtschaftszweige, deren Umsatz die Grenze von 500 Mio. Euro pro Jahr nicht übersteigt.

Das Statistische Bundesamt erfasst in der Gewerbeanzeigenstatistik neben den Gewerbeanmeldungen und Gewerbeabmeldungen auch die Anzahl der Übergaben und Übernahmen. Zu den Übergaben zählen hierbei auch Verkäufe, Erbfolgen oder Gesellschafteraustritte. Daher kann die Anzahl der Übergaben als Indikator für Unternehmensnachfolgen betrachtet werden. Im Jahr 2021 wurden 41.031 vom Statistischen Bundesamt erfasst.[5]

Trotz einer gewissen Abweichung der Gesamtzahl der jährlichen Unternehmensnachfolgen in den vorgestellten Quellen ist die Summe der Unternehmen, die jährlich in den Nachfolgeprozess einsteigen, ausreichend hoch, um die Eingangsfrage zu beantworten: Die Unternehmensnachfolge ist ein Thema, mit dem sich mittelständische Unternehmen auseinandersetzen sollten. Je frühzeitiger und strukturierter dies geschieht, desto besser sind die Chancen, den Nachfolgeprozess auch in einer demografisch diffizilen Situation zum Erfolg zu bringen.

2.4. Die Arten der Unternehmensnachfolge

Die meisten Menschen gelangen im Laufe ihres Lebens an einen Punkt, an dem sie den Wunsch entwickeln, ihr Wissen und ihre Werte an die nächste Generation weiterzugeben. Damit ist oft auch die Hoffnung verbunden, diese möge es einmal besser haben oder machen als man selbst. Unternehmer bilden hier freilich keine Ausnahme. Im Gegenteil: Das eigene Unternehmen wurde oft über viele Jahrzehnte und unter großem persönlichem Einsatz aufgebaut und entwickelt. Der Wunsch, den Betrieb auch über die unternehmerische Aktivität des Inhabers selbst hinaus fortzuführen, ist daher mehr als verständlich. Nicht zuletzt auch deshalb, weil mit dem Unternehmen auch Arbeitsplätze und Lebensgeschichten von Menschen außerhalb der Unternehmerfamilie verbunden sind.

Doch wo soll man anfangen? Ist der Gedanke, sich mit der Regelung der eigenen Nachfolge zu befassen erst einmal gereift oder von außen initiiert, lässt sich schnell feststellen, dass mit diesem unterschiedliche und in sich sehr komplexe Fragestellungen verbunden sind. Diese betreffen zudem meist mehrere Sachgebiete und beinhalten betriebswirtschaftliche, steuerliche sowie erbschafts- und schenkungsrechtliche Fragen. Sind mehrere Gesellschafter im Unternehmen vorhanden, so können auch gesellschaftsrechtliche Themen zu klären sein. Weiter gilt es, organisatorische Fragen zu klären, und nicht zuletzt umfasst der Themenkomplex der Unternehmensnachfolge auch höchstpersönliche Fragestellungen wie die Gestaltung eigenen Alltags nach der unternehmerischen Aktivität.

Die Vielschichtigkeit der unterschiedlichen Themen, denen sich im Nachfolgeprozess gewidmet werden muss, kann auf den ersten Blick irritierend sein. Daher soll hier zunächst eine begriffliche Annäherung sowie eine Darstellung der typischen Phasen einer Unternehmensnachfolge erfolgen.

Eine gängige Definition der Nachfolge lautet: Unter der Unternehmensnachfolge versteht man allgemeinhin die Übertragung des Eigentums und/oder der Führung (Management) eines bestehenden Unternehmens an eine andere, dritte Person.

Diese Person kann ein Familienmitglied, ein Mitarbeiter aus dem Unternehmen oder von außerhalb des eigenen Betriebs, also ein externer Nachfolger, sein.

Die familieninterne Nachfolge: Wenn das Unternehmen in der Familie bleibt

Die Übernahme des Unternehmens durch die eigenen Kinder ist die Art der Nachfolge, die sich Unternehmer am häufigsten wünschen. Diese lässt sich z.B. durch eine vorweggenommene Erbfolge, eine Schenkung oder den Verkauf wie unter Dritten realisieren.

Abbildung 1: Familieninterne Nachfolge

Bei dieser Art der Nachfolge nehmen Fragen zu steuerlichen Gestaltungsmöglichkeiten oft einen größeren Raum ein. Das hängt auch damit zusammen, dass Unternehmer ihre Kinder finanziell meist nicht stärker »belasten« wollen als unbedingt nötig. Da bei einer vorweggenommenen Erbfolge der Erbfall fingiert wird, liegt der Blick auf damit verbundene steuerliche Freibeträge nahe. Das Steuerrecht folgt hier der Logik, dass diese Freibeträge umso höher ausfallen, je enger ein Erbe mit dem Verstorbenen verwandt ist. Unternehmer, die sich für diese Form der Nachfolgeregelung entscheiden, sollten daher zur Klärung der individuellen Situation ausreichend zeitliche Kapazitäten für die Erörterung des Sachverhalts mit dem Steuerberater einkalkulieren.

Die interne Nachfolge durch einen Mitarbeiter

Die bereits thematisierten Megatrends, zu denen der demografische Wandel gehört, haben auch Auswirkungen auf die Nachfolgesituation in Deutschland. So ist es nicht unüblich, dass auch Kinder von Unternehmern andere Modelle der Arbeits- und Lebensgestaltung bevorzugen und sich gegen die Übernahme des elterlichen Betriebs entscheiden.

Kommt die Nachfolge innerhalb der Familie nicht infrage, da dort beispielsweise niemand ist, der das Unternehmen übernehmen kann oder will, liegt der Blick ins eigene Unternehmen nahe. Gibt es hier möglicherweise bereits eine zweite Führungsebene, aus der sich ein potenzieller Nachfolgekandidat herauskristallisiert? Gibt es Mitarbeiter, die sich besonders stark im Unternehmen engagieren, die Verantwortung übernehmen, sich mit den Unternehmenszielen identifizieren und konstruktive Ideen einbringen und damit unmittelbar das Ergebnis positiv beeinflussen?

Die Übernahme des Unternehmens durch einen Mitarbeiter wird auch Management-Buy-Out genannt. Sie wird in der Regel realisiert, indem der Mitarbeiter entweder die Gesellschaftsanteile des Altinhabers übernimmt oder das Betriebsvermögen erwirbt. Der erste Fall findet in der Regel in Kapitalgesellschaften Anwendung; man spricht von einem sogenannten Share Deal. Der zweite Fall wird Asset Deal genannt und wird in der Regel bei Personengesellschaften angewandt. In beiden Fällen findet aus rechtlicher Sicht eine Kaufabwicklung statt, in der das Geld des Mitarbeiters gegen die Kontrolle des Unternehmens getauscht wird. Da hierbei entsprechend der finanziellen Situation des Unternehmens schnell hohe Summen ins Spiel kommen, ist bei dieser Art der Nachfolge die Finanzierung oft ein Thema. Da in den meisten Bundesländern Nachfolgevorhaben mit Existenzgründungen gleichgesetzt werden, stehen Nachfolgern vielfach interessante Fördermöglichkeiten, z. B. durch die Förder- und Aufbaubanken in den einzelnen Bundesländern, zur Verfügung.

Die externe Nachfolge

Findet sich weder in der Familie noch im eigenen Betrieb ein passender Nachfolger, ist die externe Nachfolge eine weitere Option. Hierbei übernehmen fremde Führungskräfte das Unternehmen und man spricht vom sogenannten Management-Buy-In.

Auch diese Form der Nachfolge wird über einen Unternehmensverkauf realisiert, der über einen Asset Deal oder einen Share Deal erfolgen kann.

Hierbei ist auch die Veräußerung des Unternehmens an eine andere juristische Person denkbar, z. B. in Form einer Beteiligung, einer Unternehmensfusion oder als Tochtergesellschaft. Diese Lösung ist jedoch eher als Unternehmenstransaktion zu werten denn als klassische Unternehmensnachfolge.

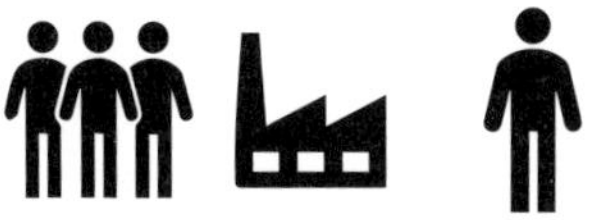

Nachfolge außerhalb der Familie	
Getrennte Übergabe von Vermögen und Unternehmensführung	Übergabe von Vermögen und Unternehmensführung an natürliche Personen
▶ Einsatz eines Fremdgeschäftsführers ▶ Vermietung und Verpachtung ▶ Gründung einer Stiftung	▶ Verkauf an eigene Führungskräfte (Management-Buy-Out) ▶ Verkauf an betriebsfremde Führungskräfte (Management-Buy-In)
	▶ Verkauf von Unternehmensanteilen (= Share Deal) ▶ Verkauf von Unternehmensvermögen (= Asset Deal)

Abbildung 2: Nachfolge außerhalb der Familie

Weitere Arten der Nachfolgegestaltung

Die bisher aufgezeigten Arten der Nachfolge zielten darauf ab, sowohl das Unternehmensvermögen als auch die Führung bzw. das Management eines Unternehmens an einen Nachfolger zu übergeben. Diese stellen auch die originären Formen der Unternehmensnachfolge dar. Der Vollständigkeit halber sei jedoch eine weitere Gestaltungsmöglichkeit in der Nachfolge erwähnt: die Trennung von Vermögen und Unternehmensführung.

Das kann beispielsweise dann der Fall sein, wenn die Unternehmensführung weiterhin beim Altinhaber bleibt und nur das Unternehmensvermögen aus dem Unternehmen herausgelöst wird. In diesen Fällen sind die Vermietung bzw. Verpachtung des Unternehmens, die Hinzuziehung bzw. Gründung einer Beteiligungsgesellschaft und auch die Gründung einer Stiftung denkbare Optionen. Soll das Unternehmensvermögen im Einflussbereich des Altinhabers bleiben und nur die Unternehmensführung wechseln, so kann die Einstellung eines Geschäftsführers von außen eine Option sein. Dieser übernimmt dann die operative Führung des Unternehmens. Denkbar ist in diesem Fall auch, dass die Anstellung eines Fremdgeschäftsführers der erste Schritt für einen längerfristigen strategischen Rückzug des Altinhabers ist. In diesem Fall findet die Übergabe des Unternehmensvermögens zu einem nachgelagerten Zeitpunkt statt. In den meisten Nachfolgeprozessen werden jedoch sowohl die Unternehmensführung als auch das Unternehmensvermögen zusammen an einen Nachfolger übergeben.

Die ungeplante Unternehmensnachfolge: Für den Notfall vorsorgen

Die bisher dargestellten Arten und Möglichkeiten zur Realisierung der Unternehmensnachfolge zeichnen sich trotz ihrer Unterschiede durch eine Gemeinsamkeit aus: Sie sind planbare Prozesse, die durch den Unternehmensinhaber gesteuert und aktiv beeinflusst werden können.

Die Praxis zeigt jedoch, dass das Leben manchmal anders verläuft, als die eigenen Pläne es vorsehen. So können bestimmte Ereignisse dazu führen, dass der bisherige Unternehmensinhaber nicht mehr in der Lage ist, das Unternehmen operativ zu führen. Dies können Unfälle sein, schwere Krankheiten, Suchterkrankungen, Scheidungen, die Untersuchungshaft oder auch der Tod.

Damit das Unternehmen auch in diesen Fällen handlungs- und leistungsfähig bleibt, ist die Anlage eines Notfallplans dringend empfehlenswert. Dieser wird manchmal auch als Notfallkoffer oder Notfallhandbuch bezeichnet und enthält die wichtigsten unternehmerischen, finanziellen und rechtlichen Regelungen, um den Betrieb auch in Notfallsituationen aufrechtzuerhalten. Hierzu gehören vor allem Vertretungsvollmachten, die angeben, wer das Unternehmen bei einem Ausfall des Inhabers verantwortlich weiterführt. Dies sollte im besten Fall natürlich eine Person sein, die das Unternehmen, seine Prozesse und Strukturen kennt – und über ihre Vertretungsverantwortung auch informiert ist.

Der Notfallplan soll der vertretungsberechtigten Person eine schnelle und umfassende Informationsbasis bieten, um die Geschäfte des Unternehmens weiterzuführen. Daher sollten auch Kopien oder zumindest Hinweise auf die Ablageorte dieser Dokumente vorhanden und bekannt sein.

Deshalb sollten auch Zugangsdaten sowie Passwörter zu den relevanten Systemen vermerkt und auffindbar sein, ebenso Schlüsselverzeichnisse und Zugangsberechtigungen.

Weiter sollte der Notfallplan auch Kopien oder zumindest Hinweise auf die Ablage von rechtlich relevanten Dokumenten beinhalten. Hierzu gehören insbesondere Testamente, Gesellschaftsverträge, Handelsregisterauszüge, Grundbuchauszüge sowie Versicherungsunterlagen und erteilte Prokura.

Zur operativen Fortführung des Unternehmens trotz einer Notfallsituation gehört auch die Aufrechterhaltung wichtiger Finanzströme. Diese sollten möglichst unterbrechungsfrei weiterlaufen, damit eventuelle Zahlungsverzögerungen sowie daraus entstehende finanzielle Nachteile vermieden werden können. Daher sollten im Notfallplan auch Unterlagen hinterlegt sein, die Informationen zu Geschäftskonten, wiederkehrenden Zahlungsverpflichtungen, wie z.B. der Miete, Bankschließfächern, Wertpapieren oder zur Unternehmensfinanzierung, enthalten.

Die Industrie- und Handelskammern sowie die Handwerkskammern halten kostenfreie Notfallhandbücher oder Notfallordner sowohl in physischer Form wie auch als digitale Dokumente bereit. Diese können als Vorlage benutzt, ausgefüllt und regelmäßig aktualisiert werden.

Die aufgezeigten unterschiedlichen Spielarten lassen bereits einen Rückschluss auf die Wichtigkeit der Klärung der persönlichen Ziele und dem Treffen von bestimmten Vorbereitungen zu. Da jedes Unternehmen so individuell ist wie die Unternehmerpersönlichkeit, die es entwickelt und geführt hat, ist auch jede Nachfolgesituation situativ zu planen. Für die Planung ist jedoch die Kenntnis über die unterschiedlichen Phasen des Nachfolgeprozesses hilfreich.

2.5. Phasen in der Unternehmensnachfolge

Der Prozess der Unternehmensnachfolge gliedert sich typischerweise in vier Phasen: Die Vorbereitungsphase, die Planungsphase, die Phase der Realisierung und schließlich der Neu-Start.

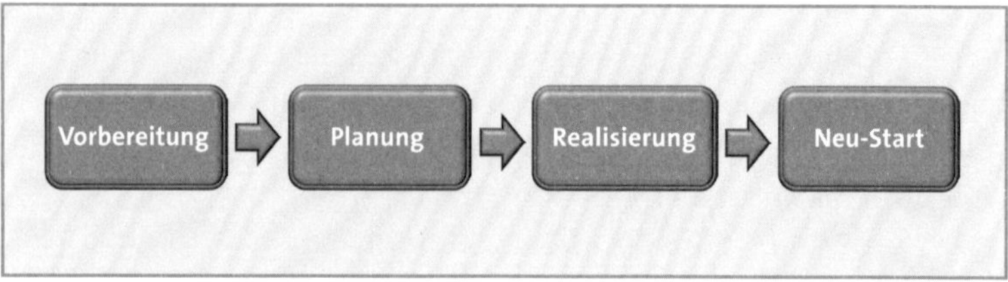

Abbildung 3: Phasen der Unternehmensnachfolge

Vorbereitungsphase

In der Vorbereitungsphase geht es für den abgebenden Senior-Unternehmer darum, persönliche und organisatorische Vorbereitungen im Unternehmen für den weiteren Nachfolgeprozess zu treffen. Die persönliche Vorbereitung dient damit auch der Selbstreflexion und der Klärung der ganz persönlichen Ziele:

- Was will ich mit der Unternehmensnachfolge konkret erreichen?
- Wie will ich meinen nächsten Lebensabschnitt gestalten?
- Sind meine Familie und ich ausreichend finanziell abgesichert, wenn das Unternehmen als Einkommensquelle entfällt?
- Wen beziehe ich aus meinem persönlichen Umfeld mit ein?

Im Rahmen der organisatorischen Vorbereitung des Unternehmens gilt es, die für den Übergabeprozess relevanten Unterlagen und Dokumente zusammenzutragen, insbesondere Bilanzen, Jahresabschlüsse, relevante Verträge etc.

Auch ist es hilfreich, einen Blick auf die sogenannte Übergabefähigkeit des Unternehmens zu werfen: Damit ist die Fähigkeit des Unternehmens gemeint, operativ auch unabhängig von der Inhaberpersönlichkeit erfolgreich zu sein.

Für den Nachfolgeinteressenten geht es in der Vorbereitungsphase um die Klärung folgender Fragestellungen:

- Bin ich ein Typ für die Selbstständigkeit?
- Bin ich bereit, ein finanzielles Risiko zu tragen?
- Bin ich bereit, Verantwortung für mich selbst und für Mitarbeiter zu übernehmen?
- Kann ich mich selbst nachhaltig motivieren, Zeit und Ressourcen in meine Geschäftsidee zu investieren?
- Unterstützt mich mein Umfeld bei der Realisierung meiner Idee?

Nach diesen Leitfragen gilt es auch, sich noch einmal gewahr zu werden, dass die Unternehmensnachfolge ein Projekt ist und als solches eines entsprechenden Planungshorizontes samt Einräumung vor allem zeitlicher Ressourcen und einer Strategie bedarf.

Planungsphase

In der zweiten Phase des Nachfolgeprozesses geht es um die Planung des Nachfolgeprozesses. Diese Phase wird manchmal auch als Strategie-Phase bezeichnet, da es sich hier um die Konzeption eines Master-Plans für den Ablauf der Nachfolge handelt. Inhaltlich beschäftigt sich der Unternehmensinhaber gedanklich mit der konkreten Ausgestaltung des Prozesses und den unterschiedlichen Themen, die es in diesem Rahmen zu klären gilt.

> **Die Planung des Nachfolgeprozesses kann beispielsweise anhand von W-Fragen erfolgen, die die spezifischen Handlungsfelder beinhalten: *Wem* soll *was wann* und *wie* übergeben werden?**

Wem soll das Unternehmen übergeben werden?
Der erste Planungsschritt ist daher die Identifikation und Qualifikation eines Nachfolgers. Dieser kann sich, wie bereits dargestellt, in der eigenen Familie, im eigenen Unternehmen oder auch außerhalb dessen finden.

Bei vielen Unternehmern ist verständlicherweise der Wunsch vorhanden, dass die eigenen Kinder das Unternehmen im Sinne des Übergebers weiterführen. Die Praxis zeigt jedoch, dass auch Unternehmerkinder nicht selten andere berufliche Wege einschlagen und nicht die Weiterführung des elterlichen Betriebs anstreben. So bieten heute zahlreiche sozialversicherungspflichtige Beschäftigungsverhältnisse für gut ausgebildete Menschen die Möglichkeit, sich dort selbst einzubringen und zu verwirklichen. Dort kann häufig bei voller finanzieller Absicherung auch Verantwortung für Projekte und Mitarbeiter übernommen werden, ohne das unternehmerische und finanzielle Risiko tragen zu müssen – bisher Argumente, die für die unternehmerische Selbstständigkeit sprachen.

Steht daher kein Nachfolger in der Familie zur Verfügung, liegt der Blick ins eigene Unternehmen nahe. Gibt es Mitarbeiter, die auf den Chefsessel nachrücken können – und vor allem wollen? Die meisten Mitarbeiter verfügen über ausgezeichnete Fachkenntnisse und sind ausgesprochene Experten auf ihrem Tätigkeitsgebiet. Vielleicht fungieren einige besonders engagierte und kompetente Personen aus der Belegschaft auch bereits als Führungskräfte und haben Verantwortung für weitere Beschäftigte übernommen. Besonders wenn weitere Ambitionen vorhanden sind, kann die Übernahme des Unternehmens ein konsequenter nächster Schritt in der Karriereplanung sein. Voraussetzung ist jedoch auch hier, dass eine Bereitschaft zur Übernahme des unternehmerischen Risikos vorhanden ist. Findet sich weder in der Familie noch im eigenen Betrieb ein geeigneter Nachfolger, so kann dieser extern gefunden werden. Externe Quellen können beispielsweise sein:

- Online-Nachfolgebörsen wie nexxtchange (www.nexxt-change.org) oder die Deutsche Unternehmerbörse (www.dub.de),
- Informationsangebote und -veranstaltungen der Industrie- und Handelskammern und Handwerkskammern,
- Unternehmerverbände,
- Unternehmertreffs,
- Inserate in Tageszeitungen, Wochenblättern, Fachmagazinen,
- Finanzinstitute/Banken,
- Auf Nachfolge- und Transaktionsprozesse spezialisierte Unternehmensberatungen (M&A-Berater).

Ist ein Nachfolger gefunden, so gilt es zu prüfen, ob dieser noch zusätzliche fachliche Qualifikationen benötigt, um das Unternehmen nachhaltig erfolgreich weiterführen zu können. Dies können neben bestimmten kaufmännischen Qualifikationen und Wissen zu Unternehmensentwicklung und Personalführung auch die Erfüllung klarer gesetzlicher Vorgaben sein. So ist die Ausübung bestimmter

Gewerbe erlaubnis- und genehmigungspflichtig und erfordert einen entsprechenden Nachweis der Sachkunde.

Zu den erlaubnispflichtigen Gewerben gehören u. a.:

- Immobiliardarlehensvermittlung,
- Finanzanlagenvermittlung,
- Bewachungsgewerbe,
- Berufskraftfahrer,
- Taxen- und Mietwagenunternehmer,
- Gefahrguttransporte,
- Handel mit freiverkäuflichen Arzneimitteln nach § 50 Arzneimittelgesetz.

Auch der Aufbau des Nachfolgers spielt eine wichtige Rolle für das Gelingen des Übergabeprozesses. Der Nachfolger muss im Rahmen des Übernahmeprozesses nicht nur die Produkte und Prozesse der Leistungserstellung des Unternehmens kennenlernen, sondern auch bei den Mitarbeitern, Kunden und Lieferanten bekannt gemacht werden.

Was soll übergeben werden?

Die zweite strukturierende W-Frage ist die nach dem Objekt der Unternehmensnachfolge, also was der Senior-Unternehmer dem Nachfolger konkret übergeben wird. Damit ist die bereits angesprochene Unterscheidung zwischen Management und Vermögen gemeint. Soll der Nachfolger im Zuge des Nachfolgeprozesses Kontrolle über das Betriebsvermögen erlangen und die Unternehmensführung weiterhin beim Altinhaber bleiben? Oder soll der Nachfolger lediglich die Führung der Geschäfte übernehmen und das Unternehmensvermögen im Einflussbereich des Altinhabers bleiben? Die Beantwortung dieser Fragen ist wichtig für den weiteren Nachfolgeprozess.

Wann soll das Unternehmen übergeben werden?

Die W-Frage nach dem Wann betrifft den zeitlichen Planungshorizont.

In der Praxis ist nicht selten zu beobachten, dass die zeitliche Dauer eines Nachfolgeprozesses von Unternehmern auf nur wenige Monate eingeschätzt wird. Diese Einschätzung wird jedoch in der Regel der Komplexität der unterschiedlichen Handlungsfelder, die es im Prozess zu klären gilt, nicht gerecht. Nun ist freilich jede Nachfolgesituation so individuell wie das zu übergebende Unternehmen selbst, aber in der Praxis hat sich ein Planungszeitraum von etwa zwei Jahren durchaus bewährt. Dies ist nicht zuletzt auch der Tatsache geschuldet, dass für bestimmte Handlungsfelder auch die Unterstützung von Dritten, z. B. einem Steuerberater, einem Rechtsanwalt oder einem Notar benötigt wird.

Um die Planung zeitlich zu strukturieren, ist es empfehlenswert, die einzelnen Prozessschritte und die damit verbundenen zu klärenden Themen mit Fristen zu versehen oder einen Kalender zu führen. Die zeitliche Strukturierung sollte auch gemeinsam mit dem Nachfolger durchgeführt werden. Dies trägt dazu bei, dass der Nachfolgeprozess als Gemeinschaftsprojekt verstanden und auf ein gemeinsames Ziel hingearbeitet wird. Zudem können durch das Aufsetzen einer gemeinsamen Strategie Aufgaben und Ressourcen auf mehrere Schultern verteilt und Wünsche und Vorstellungen berücksichtigt werden.

Wie soll das Unternehmen übergeben werden?

Diese Frage zielt auf die Realisierungsart der Unternehmensnachfolge ab.

Geht das Unternehmen im Rahmen der familieninternen Nachfolge auf einen Nachkommen des Unternehmers über, ist zunächst zu klären, ob dies im Rahmen der vorgezogenen Erbfolge oder eines Verkaufs wie unter Dritten geschehen soll.

Wird die Nachfolge intern oder extern durch einen Verkauf gelöst, so ist zu klären, ob der Käufer die Gesellschaftsanteile an dem Unternehmen in Form eines Share Deals erwirbt oder er das Unternehmensvermögen durch einen Asset Deal kauft. Diese für den weiteren Prozessverlauf relevanten Fragestellungen müssen im Rahmen der strategischen Planung beantwortet und berücksichtigt werden, da hierauf weitere Handlungsschritte aufbauen.

Realisierungsphase

In der Phase der Realisierung der Nachfolge werden nun die zwischen Übergeber und Nachfolger abgestimmten und geplanten Schritte operativ umgesetzt.

Dieser Phase ist auch der Wissenstransfer zuzuordnen, der einen zentralen Baustein in der Übergabe bildet. Durch ihn soll sichergestellt werden, dass das für die Leistungserbringung des Unternehmens relevante Wissen auch nach dem Austritt des bisherigen Unternehmensinhabers im Unternehmen bleibt.

Für die Einhaltung eines zeitlichen Rahmens ist es empfehlenswert, bereits zu Beginn des Prozesses ein konkretes Datum als Ziel zu fixieren. Dieses kann beispielsweise ein Firmenjubiläum oder auch der runde Geburtstag des bisherigen Eigentümers sein.

Im Rahmen des Nachfolgeprozesses können sich unterschiedliche inhaltliche Fragestellungen ergeben, die betriebswirtschaftliche, steuerrechtliche oder juristische Inhalte haben können, z. B. zum Erbrecht oder zum Vertrags- oder Gesellschaftsrecht.

Es wird daher dringend empfohlen, frühzeitig Experten in den Prozess einzubeziehen. Neben Steuerberatern und Rechtsanwälten verfügen auch qualifizierte Unternehmensberater über ein hohes Maß an Fachwissen und Umsetzungskompetenz. Schließlich ist es für die meisten abgebenden Unternehmer und Nachfolger das erste Mal, dass sie einen Nachfolgeprozess durchführen, weshalb folglich Erfahrungen in der Umsetzung nicht vorhanden sind. Der Einbezug eines Expertenteams zu den unterschiedlichen Handlungsfeldern ist daher für das Gelingen des Prozesses außerordentlich wertvoll.

Neu-Start

Auch wenn es auf dem ersten Blick widersprüchlich klingt: Die Phase des Neu-Starts markiert den Abschluss des Nachfolgeprozesses. Das Eigentum und/oder das Management des Unternehmens geht damit auf den Nachfolger über. Die in der Realisierungsphase besprochenen Themen sind umgesetzt und der Nachfolger steht nun in der operativen und finanziellen Verantwortung für das Unternehmen. Damit kann sowohl für den Übergeber als auch für den Nachfolger die nächste Lebensphase beginnen – eben ein Neu-Start.

Nicht selten wird jedoch die Begleitung des bisherigen Unternehmensinhabers für einen definierten Zeitraum über die tatsächliche Übergabe hinaus als sinnvoll erachtet und auch vertraglich vereinbart. Dies kann, gerade wenn der Zeitraum für die Übergabe relativ kurz ist, für die weitere Übertragung von Wissensinhalten von Vorteil sein. Es ist in diesem Fall jedoch besonders wichtig, darauf zu achten, dass der Altinhaber nicht wieder in sein altes Rollenmuster als Betriebsinhaber und Entscheider verfällt, sondern die Verantwortung auch wirklich abgeben und loslassen kann.

2.6. Vom Unternehmenswert zum Kaufpreis

Vor allem, wenn die Regelung der Unternehmensnachfolge über einen Asset- oder Share Deal geregelt werden soll oder muss, stellt sich die Frage nach der Bewertung eines Unternehmens. Diese soll häufig als Grundlage einer Kaufpreisverhandlung dienen.

Hierzu sei klar betont, dass es *den* Unternehmenswert in der Realität genauso wenig gibt wie *den* Kaufpreis. Es gibt kein allgemeingültiges Verfahren, das den Wert eines Unternehmens ermittelt. Welche Berechnungsmethode in der Praxis zur Anwendung kommt, ist auch abhängig von der Unternehmensform, der Branche oder auch der Größe des Unternehmens. Als Anhaltspunkt für die Entscheidung, welche Berechnungsmethode angewendet werden soll, wird meistens die Art der primären Leistungserstellung herangezogen. Dahinter steckt die Frage nach der Quelle der Wertschöpfung eines Unternehmens. Wird diese beispielsweise durch teure Maschinen erzielt, liegt die Tendenz eher bei der Anwendung der Subtanzwertmethode. Bei Dienstleistungsunternehmen, die in der Regel über ein geringes Anlagevermögen verfügen, wird eher der Gewinn als Ausgangspunkt genommen und das Ertragswertverfahren angewendet.

Unabhängig vom angewandten Verfahren gilt: Der ermittelte Wert kann immer nur eine Indikation sein. Der tatsächliche Kaufpreis ist immer das Ergebnis von Angebot und Nachfrage bzw. der Verhandlung zwischen Käufer und Verkäufer.

Die in der Praxis am häufigsten angewandten Methoden sind das Substanzverfahren, das Ertragsverfahren und das Discounted-Cashflow-Verfahren.

Die hier vorgestellten Verfahren zur Ermittlung des Unternehmenswerts ersetzen keinesfalls eine fundierte Beratung und Berechnung durch einen fachkundigen Berater. Eine Unternehmensbewertung sollte immer durch einen Steuer- oder spezialisierten Unternehmensberater erfolgen, der die individuelle Situation des Unternehmens kennt und Zugriff auf das bilanzielle Zahlenwerk hat. Der Steuerberater kann neben der Wertermittlung des Unternehmens auch die Auswirkungen auf die persönliche Steuersituation mitberücksichtigen. Dies ist vor allem mit Blick auf die finanzielle Absicherung des Unternehmensinhabers im Alter von großer Bedeutung.

Gleichzeitig muss auch die Finanzierbarkeit des Kaufpreises beachtet werden. Die Einigung von Käufer und Verkäufer auf einen bestimmten Kaufpreis ist nur dann praktikabel, wenn der Käufer diesen auch finanziell stemmen kann. Im besten Fall sollte daher der veranschlagte Kaufpreis aus dem Gewinn des Unternehmens selbst finanziert werden können.

Das Substanzwertverfahren

Das Substanzwertverfahren folgt der Annahme, dass der Wert eines Unternehmens seinen materiellen Vermögensgegenständen bzw. deren Wiederbeschaffungswerten entspricht. Zu diesen gehören das bilanzierte Eigenkapital zuzüglich der Reserven, die sich im bilanzierten Anlagevermögen finden. Abgezogen werden die Schulden:

Substanzwert = Eigenkapital gem. Bilanz + stille Reserven (z. B. im Anlagevermögen) – Schulden

Da das Substanzwertfahren wichtige immaterielle Erfolgsfaktoren von Unternehmen, wie z. B. die Profitabilität, die Mitarbeiterschaft, den Kundenstamm und die Wettbewerbssituation, nicht berücksichtigt, findet es in der Regel vor allem bei der Bewertung von Unternehmen Anwendung, die über hohe stille Reserven oder ein großes Anlagevermögen verfügen. Hierzu gehören beispielsweise Immobiliengesellschaften oder das produzierende Gewerbe.

Das Ertragswertverfahren

Während das Substanzwertverfahren den gegenwärtigen Zeitwert des Betriebsvermögens fokussiert, richtet sich der Blick des Ertragswertverfahrens in die Zukunft.

Die leitende Fragestellung lautet: Welchen Gewinn wird das Unternehmen künftig erwirtschaften? Dies soll dem Käufer eine bessere Einschätzung der finanziellen Attraktivität und Absicherung ermöglichen. Gerade bei Transaktionsprozessen von kleinen und mittleren Unternehmen ist es nicht unüblich, dass der Käufer seinen Lebensunterhalt und die finanzielle Versorgung seiner Familie durch die Einnahmenüberschüsse finanzieren muss, die durch den Unternehmenserfolg erwirtschaftet werden. Bei der Berechnung des Ertragswertes werden die erzielbaren Gewinne für bis zu 10 Jahre ermittelt und um die noch notwendigen Investitionen bereinigt.

Im nächsten Schritt wird nun ein Risikoaufschlag ermittelt, der bestimmte Wagnisse, die aus der unternehmerischen Tätigkeit entstehen, berücksichtigt. Im Gegensatz zu großen Kapitalgesellschaften, wie z. B. Aktien- oder Fondsgesellschaften, finden bei kleinen und mittleren Unternehmen standardisierte kapitalmarktbezogene Risikoprämien keine Anwendung. Stattdessen wird ein sog. Kapitalisierungszinssatz ermittelt. Dieser wiederum setzt sich aus drei Komponenten zusammen: dem Basiszinssatz, einem Risikozuschlag und einem Inflationsabschlag. Als Basiszinssatz wird zumeist eine risikolose Anlage, z. B. Bundesanleihen, herangezogen. Der Risikozuschlag liegt je nach Branche zwischen 5 und 15 %.

Beispiel

Anneliese Aster möchte ihr Floristik-Einzelhandelsgeschäft aus Altersgründen an ihre langjährige Mitarbeiterin Melanie Mohn verkaufen. Um eine wertmäßige Verhandlungsbasis zu haben, bewertet Anneliese Aster das Unternehmen gemeinsam mit ihrem Steuerberater nach der Ertragswertmethode.

Der Zinssatz für 10-jährige Bundesanleihen beträgt derzeit 0,0070 %[6]. Der Risikozuschlag wird zusammen mit dem Steuerberater auf 10 festgesetzt. Die aktuelle Inflationsrate in Deutschland liegt bei 7,5 %.[7]

Der Kapitalisierungszinssatz beträgt also:
0,0070 % + 10 % + 7,5 % = 17,507 %.

Da aufgrund der volkswirtschaftlichen Gesamtentwicklung mit einer steigenden Inflationsrate zu rechnen ist, wird diese bei einer längerfristigen Betrachtung berücksichtigt.

Die erzielbaren Gewinne für die kommenden fünf Jahre werden auf 50.000,– Euro im ersten Jahr, 48.000,– Euro im zweiten Jahr, 46.000,– Euro im dritten Jahr, 51.000,– Euro im vierten Jahr und 55.000,– Euro im fünften Jahr prognostiziert.

Jahr	Prognostizierter Jahresgewinn in T Euro	Kapitalisierungszinssatz (unter Berücksichtigung der steigenden Inflation)	Ertragswert in T Euro
1	50	17,507	32,5
2	48	19,507	28,5
3	46	18,507	27,5
4	51	18,507	32,5
5	55	18,507	36,5
Gesamt	**157,5**		

Die Discounted-Cashflow-Methode

Das Discounted-Cashflow-Verfahren (kurz: DCF) ist in seiner Methodik stark an das Ertragswertverfahren angelehnt.

Als Betrachtungswinkel wird hierbei jedoch nicht der Gewinn eines Unternehmens gewählt, sondern seine Finanzflüsse. Hierzu gehören insbesondere die zu erwartenden künftigen Zahlungsüberschüsse sowie Abschreibungen und Rückstellungen. Diese werden dann, ebenso wie im Ertragswertverfahren, um einen Kapitalisierungszinssatz diskontiert, der sich aus dem Basiszinssatz, einem Risikozuschlag und einem Inflationsabschlag zusammensetzt.

Aus Sicht eines Investors, für den die Zahlungsrückflüsse aus getätigten Investitionen im Vordergrund stehen, ist die Discounted-Cashflow-Methode im direkten Vergleich zum Ertragswertfahren der objektivere Bewertungsansatz. Hier können bestimmte Spielarten der Bilanzpolitik ausgeschlossen werden, wodurch ein neutrales Bild der Liquidität eines Unternehmens entsteht.

Bewertung der weichen Faktoren Wissen und Unternehmenskultur

Wissen und Unternehmenskultur und ihre Rolle bei der Unternehmensnachfolge in kleinen und mittleren Unternehmen sind die beiden Faktoren, die im Betrachtungsfokus dieses Buches stehen. Sie werden auch als weiche Faktoren bezeichnet, da sie auf der einen Seite den Geschäftserfolg eines Unternehmens maßgeblich beeinflussen, wie später noch beschrieben wird, auf der anderen Seite jedoch nicht als harte Faktoren in Erscheinung treten. Harte Faktoren sind solche, die zahlenmäßig erfass- und bewertbar sind.

Hierzu gehören in erster Linie die betriebswirtschaftlichen Werte, die auch die Grundlage für die vorgestellten Verfahren bilden. Beim Ertragswertverfahren ist dies der Gewinn, bei der Substanzwertmethode hingegen der Wert der Vermögensgegenstände. Auch wenn die Ergebnisse der vorgestellten Bewertungsmethoden Raum für Sichtweisen und Verhandlungen lassen, so ist den dahinterstehenden Werten doch ein klares Zahlenwerk zuzuordnen und einem monetären Gegenwert gegenüberstellen. Bei den weichen Faktoren der Unternehmenskultur und des Wissens ist dies nicht ohne Weiteres möglich. Zum Ersten sind Wissen und die Kultur eines Unternehmens keine materiellen Gegenstände, denen ein Material- oder Zeitwert zugeordnet werden kann, zum Zweiten werden sie generell nicht als Güter im betriebswirtschaftlichen Sinne klassifiziert und sind Bestandteil einer Bilanz.

Nun ließe sich argumentieren, dass es natürlich auch immaterielle Güter wie Markenrechte, Dienstleistungen, Patente, Geschmacksmuster oder Nutzungsrechte an Musik gibt, die ebenfalls keine physische Erscheinung haben und trotzdem in der Bilanz aufgeführt werden. Im Vergleich zu den Faktoren der Kultur und des Wissens im Unternehmen kann den bilanzierbaren immateriellen Werten jedoch ein bestimmbarer Marktwert gegenübergestellt werden.

In der gegenwärtigen Bewertungspraxis herrscht die Sichtweise vor, dass die zwei weichen Faktoren als Erfolgsfaktoren des Unternehmens am Markt bereits in das Betriebsergebnis einfließen. Soll heißen: Die Kultur sowie die implizite und explizite Wissensbasis des Unternehmens sind zwei Faktoren, die zu den erzielten Gewinnen eines Unternehmens beitragen. Sie sind daher bereits im Ertragswert inkludiert.

2.7. Die Auswirkungen der Corona-Pandemie auf die Nachfolgesituation in Deutschland

Spätestens mit Inkrafttreten des ersten Corona-Lockdowns am 22. März 2020 wurde auf breiter Fläche klar, wie hart die Verbreitung des Virus' SARS-CoV-2 auch Deutschland getroffen hatte. Nur wenige Tage zuvor, am 16. März 2020, wurde das Virus, welches die körpersystemische Erkrankung COVID-19 hervorruft, von der Weltgesundheitsorganisation WHO als weltweite Pandemie eingestuft. Kontinuierliche Wellen neuer Ansteckungs- und Todesfälle führen seitdem zu einem Wechselspiel von verschiedenen Eindämmungsmaßnahmen und Lockerungen, die das gesellschaftliche und wirtschaftliche Leben maßgeblich beeinflussen.

Die konkreten Folgen der pandemischen Situation und der eindämmenden gesetzlichen Regularien auf die unterschiedlichen Wirtschaftszweige und Branchen sind dabei ganz unterschiedlich. Während es vor allem im Tourismus, in der Gastronomie, im Einzelhandel und in der Veranstaltungsbranche aufgrund der geltenden Kontaktbeschränkungen zu teils erheblichen Umsatzeinbrüchen kam, konnten bestimmte Technologieunternehmen und Anbieter von Konsumenten- und Einrichtungsprodukten sogar Zuwächse im Umsatz verzeichnen. Nicht wenige Haushalte haben das ursprünglich für die Urlaubsreise angesparte Geld in neue Einrichtungsgegenstände oder auch die Anschaffung eines Wohnmobils investiert, das zumindest eine gewisse Reisefreiheit gewährleistete. Die Bundesregierung stellte für durch die Schließungsanordnungen besonders betroffene Unternehmen, Soloselbstständige und Freiberufler unterschiedliche finanzielle Maßnahmen wie eine Anpassung des Kurzarbeitergelds, einer temporären Mehrwertsteuersenkung oder die Überbrückungshilfe I bis III bereit.

Mit Blick auf das Themenfeld der Unternehmensnachfolge ist festzustellen, dass gerade zu Beginn der Pandemie im Jahr 2020 diverse Nachfolgevorhaben zunächst verschoben wurden. Oft standen in dieser Zeit eher eine Anpassung des Geschäftsmodells an die situative Entwicklung der Pandemie und der entsprechenden gesetzlichen Eindämmungsmaßnahmen sowie die Sicherung der Liquidität im Vordergrund.

So ist es wenig verwunderlich, dass der Deutsche Industrie- und Handelskammertag (DIHK) in seinem Nachfolgereport 2020 feststellt, dass Corona vor allem die Nachfolgen im Handel und in der Gastronomie erschwert.[8] Im Oktober 2020 erklärten 71 % der Industrie- und Handelskammern, dass die Zahl der Beratungen zur Unternehmensnachfolge seit März 2020 gesunken oder sogar stark gesunken ist. Wie hat sich die Situation seit 2020 entwickelt?

Mit dem Nachfolgemonitor wird jährlich ein Gemeinschaftswerk des KCE KompetenzCentrum für Entrepreneurship & Mittelstand, der FOM Hochschule für Oekonomie & Management gGmbH, des Verbands Deutscher Bürgschaftsbanken und der Creditreform Rating AG herausgegeben. In einer Sonderausgabe 2022 mit einem Fokus auf das Handwerk wird klar dargestellt, dass die Anzahl an Nachfolgern im Handwerk von 2014 bis 2021 um 60 % angestiegen ist. Negative Effekte durch die Corona-Pandemie sind in diesem Zusammenhang nicht erkennbar.[9]

Diese Entwicklung kann auch als Indiz für die zunehmende Anzahl an Betriebsübergaben insgesamt aufgefasst werden. Ein Grund zur Euphorie ist dies dennoch nicht, denn der Report zeigt zugleich, dass diese vermeintlich positive Gesamtentwicklung nicht pauschal für alle Unternehmen gilt. So haben Handwerksbetriebe mit geringen Betriebsgrößen, die ihre Nachfolge extern durch einen Betriebsverkauf regeln müssen, zunehmend Herausforderungen, attraktive Verkaufspreise zu erzielen oder überhaupt einen Kaufinteressenten zu finden.

Diese Entwicklung wird maßgeblich auch durch den bereits angesprochenen demografischen Wandel beeinflusst, der die Suche nach einem geeigneten externen Nachfolger zu einer zentralen Herausforderung in der Unternehmensnachfolge macht.

Dennoch kann sich gerade hier die Corona-Krise auch als Chance erweisen. Viele mittelständische Betriebe schafften es innerhalb kurzer Zeit, durch forcierte Digitalisierungsmaßnahmen ihren Mitarbeitern die Möglichkeit zu bieten, ihren Aufgaben im Homeoffice nachzukommen. Diese digitale Infrastruktur kann die wahrgenommene Attraktivität des Betriebs für einen Nachfolger positiv beeinflussen, erleichtert sie doch neben der Kommunikation und der Wettbewerbsfähigkeit auch den Wissenstransfer. Dies ist ein zusätzlicher Grund, weshalb Unternehmer, die ihre Nachfolge extern im Rahmen eines Unternehmensverkaufs lösen müssen, ihre Nachfolgevorhaben auch durch die Corona-Pandemie nicht weiter verzögern sollten. Auch wenn die Befürchtungen vieler Unternehmer, dass sich die durch die Pandemie verschlechterten Umsatzzahlen schmälernd auf den erzielbaren Kaufpreis auswirken, nachvollziehbar sind: Das entscheidende Erfolgskriterium ist nach wie vor der

Faktor Zeit. Eine möglichst frühzeitige Planung und Projektierung der Nachfolge ist ein Schlüssel zum Erfolg, auch wenn sich potenzielle Kaufinteressenten die Unternehmen coronabedingt vielleicht noch etwas genauer anschauen. Dennoch ist Käufern in der Regel bewusst, dass insbesondere die Pandemiejahre 2020 und 2021 keineswegs repräsentativ sind. Deshalb werden bei den Kaufpreisverhandlungen auch die Zahlen der Jahre zuvor und die Planungen der Folgejahre herangezogen und das Geschäftsmodell insgesamt bewertet. Wichtig ist es dennoch, den Prozess überhaupt zu starten und die ersten Vorbereitungen zu treffen. Je frühzeitiger dieser begonnen wird, desto größer sind die Handlungsmöglichkeiten.

2.8. Zusammenfassung: Demografischer Wandel fordert KMU zum Handeln auf

Der demografische Wandel ist spürbar im Mittelstand angekommen: Die Generation der »Babyboomer« tritt sukzessive in den verdienten Ruhestand ein. Gleichzeitig ist die statistische Anzahl an potenziellen Nachfolgern, die willens und bereit sind, ein Unternehmen zu übernehmen, geringer als die Zahl der Unternehmer, die sich in den Lebensabend verabschieden. Auch deshalb ist frühzeitiges Handeln gefragt und es sind rechtzeitig Vorbereitungen zu treffen. Weiter trägt der Prozess der Unternehmensnachfolge eine bestimmte Komplexität in sich, die sowohl für den Übergeber als auch den Übernehmer unterschiedliche Fragestellungen und Aufgabenfelder umfasst. Hierfür sind ausreichend Zeit und Ressourcen einzuplanen. Vor allem die Transformation des Unternehmens im Rahmen des Nachfolgeprozesses mit Blick auf die Wissensbasis und den Kultur-Change ist eine strategische Aufgabe, die notwendig ist, um die essenziellen Wettbewerbsfaktoren im Unternehmen zu sichern. Diese Aufgabe muss vorab gut geplant sein.

Teil B

Wissen

3. Wissen als Wettbewerbsfaktor

> *»Wissen ist ein Schatz, der seinen Besitzer überallhin begleitet.«*
> SPRICHWORT AUS CHINA

Die Beschäftigung mit dem Phänomen des Wissens regt den menschlichen Geist und die Fantasie bereits seit Tausenden von Jahren an. So findet sich schon in der antiken griechischen Literatur Platons der zum geflügelten Wort avancierte berühmte Ausspruch des Sokrates: »Ich weiß, dass ich nichts weiß.« Nun lässt sich über den Begriff des Wissens und der wahrhaftigen Erkenntnisfähigkeit des Menschen an sich zwar trefflich und abendfüllend philosophisch diskutieren, hier jedoch soll es um die Bedeutung des Wissens im wirtschaftlichen Kontext gehen.

Deshalb soll in diesem Kapitel die Relevanz des Wissens als Wettbewerbsfaktor für kleine und mittlere Unternehmen aufgezeigt werden sowie die Herausforderungen, die mit Blick auf die Nachfolge mit ihm verbunden sind. Anschließend werden Wissensarten unterschieden und Methoden und Möglichkeiten zum Transfer dieser aufgezeigt.

3.1. Wissen als Wettbewerbsvorteil für KMU

Die bereits angesprochenen Megatrends wie der demografische Wandel, die Digitalisierung, New Work oder die Globalisierung haben nicht nur starken Einfluss auf die Gesellschaft und die Art und Weise, wie wir jetzt und künftig leben. Sie verändern auch die Voraussetzungen und Möglichkeiten für Unternehmen, ihre Ziele zu erreichen. Entwicklungen wie zunehmend individualisierte Kundenanforderungen, gesetzliche Auflagen und schnell verändernde Märkte erfordern auch von kleinen und mittleren Unternehmen zunehmende Agilität, Anpassungs- und Veränderungsbereitschaft. Um hier eine maritime Metapher zu bemühen: KMU als »wendige Schnellboote« sind in diesen Situationen im Gegensatz zu großen Unternehmen und Konzernstrukturen als »große Tankschiffe« im Vorteil: Immer mit einem Ohr am Kunden und dadurch in der Lage, ihre Produkte und Dienstleistungen schnell anzupassen, liegt die Orientierung am Kundennutzen naturgemäß in ihrer DNA. Hier spielt der Faktor Wissen in unterschiedlichen Facetten bereits eine zentrale Rolle. Schließlich muss Wissen über Kundenanforderungen u.a. kombiniert werden mit:

- Wissen über Produkteigenschaften,
- Wissen über Produktionsmöglichkeiten bzw. Herstellungsmöglichkeiten sowie entsprechendem Prozesswissen,
- Wissen über hierfür notwendigen Ressourceneinsatz,
- Wissen über die Marktsituation, vor allem den Wettbewerb und mögliche Vergleichsprodukte,
- kaufmännischem Wissen über Kosten- und Gewinnkalkulation,
- Wissen über logistische Transport- und Lieferwege,
- Wissen über rechtliche Rahmenbedingungen, Gewährleistungs- und Sicherungsgarantien,
- Wissen über Stärken und Potenziale der eigenen Mitarbeiter und wer für bestimmte Situationen besonders befähigt ist.

Durch das Zusammenspiel und die Anwendung verschiedener Wissensbausteine entsteht die marktfähige Leistung eines Unternehmens. Werden diese immer wieder neu kombiniert, entsteht Innovation – und damit die Möglichkeit, einzigartige Produkte und Dienstleistungen anzubieten, die einen Vorteil in der Positionierung im Wettbewerb bieten.

Damit lässt sich Wissen für Unternehmen sowohl als immaterieller Vermögenswert sowie als entscheidender Produktionsfaktor verstehen, der sich nahtlos in die klassische Aufzählung Boden, Kapital und Arbeit einreiht.

3.2. Wissens- und Kompetenzbündelung beim Inhaber

Eine weitere Eigenschaft, die KMU von großen Unternehmen und Konzernstrukturen unterscheidet, ist ihre Fokussierung auf ihren Inhaber. Dieser ist als Unternehmerpersönlichkeit oft auch Gründer des Unternehmens oder führt dieses in seiner Familie fort. Manchmal ist die Verknüpfung von Inhaber und Unternehmen so stark miteinander verflochten, dass der Inhaber das Unternehmen *ist* – nicht nur im übertragenen Sinne. Dies führt nicht selten dazu, dass auch das unternehmensrelevante Wissen bei der Unternehmerpersönlichkeit selbst konzentriert ist.

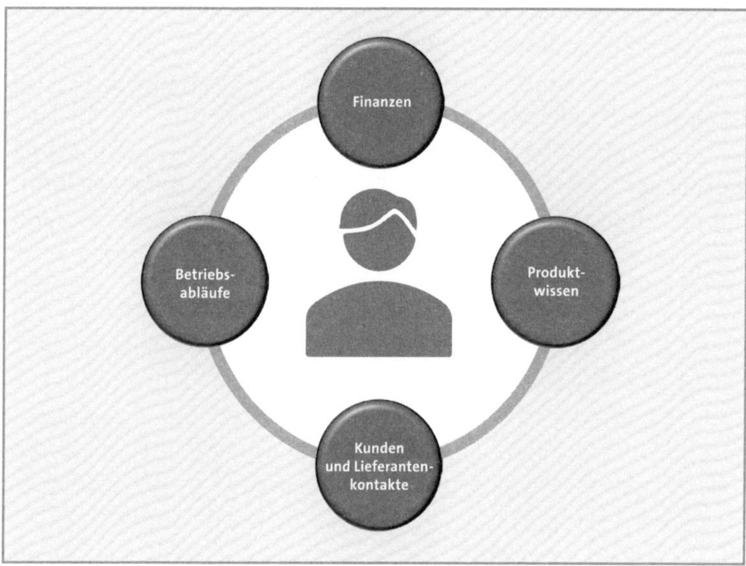

Abbildung 4: Kompetenzbündelung beim Unternehmensinhaber

Die Unternehmerpersönlichkeit selbst verfügt in diesen Fällen über exklusives Wissen zu allen Bereichen, die für die betriebliche Leistungserbringung relevant sind. Hierzu gehören beispielsweise:

- Wissen über die Produkte und Dienstleistungen und wie sie zu erstellen sind,
- Wissen über Finanzen, Zahlungsmodalitäten, Umsätze und Kostenstrukturen,
- Wissen über Kalkulationen, Preisgestaltungen und betriebswirtschaftliche Auswertungen,
- Wissen über Kunden, ihre Bedürfnisse, bestehende Verträge und Verpflichtungen,
- Wissen über Lieferanten, Konditionen und Vertragslaufzeiten,
- Wissen über die Betriebsstätte, z.B. Mietverträge, vorgenommene oder notwendige Umbauten etc.

Diese Bündelung von Wissen und Kompetenzen an die Unternehmerpersönlichkeit kann sich im Prozess der Unternehmensnachfolge als Herausforderung erweisen. Gerade wenn die Einarbeitung des Nachfolgers unter Zeitdruck geschehen muss, ist das Risiko eines Wissensverlustes vorhanden. Soll die Übertragung des Unternehmens im Rahmen der externen Nachfolge auf einen Käufer außerhalb des Unternehmens übergehen, kann eine starke Abhängigkeit des Unternehmens von seinem aktuellen Inhaber Einfluss auf die Attraktivität des Unternehmens und damit auch den Kaufpreis haben. Das Gleiche gilt auch bei einer Übernahme durch einen Mitarbeiter.

3.3. Was ist eigentlich Wissen?

> *»Was ist also die Zeit? Wenn mich niemand darüber fragt, so weiß ich es; wenn ich es aber jemandem auf seine Frage erklären möchte, so weiß ich es nicht.«*
> Augustinus von Hippo (354–430)

Dieses eingehende Zitat lässt sich trefflich auch auf den Begriff »Wissen« übertragen. Was genau ist Wissen? Wie würde man jemandem, der nicht weiß, was Wissen ist, beschreiben, was Wissen ist? Eine einfache Definition mag direkt auf Anhieb nicht gelingen. Dennoch ist es für ein besseres Verständnis der Relevanz eines effektiven Wissenstransfers wichtig, was unter dem Begriff »Wissen« zu verstehen ist.

Als Ansatz lässt sich folgende Definition heranziehen:

> *»Wissen bezeichnet die Gesamtheit der Kenntnisse und Fähigkeiten, die Individuen zur Lösung von Problemen einsetzen. Dies umfasst sowohl theoretische Erkenntnisse als auch praktische Alltagsregeln und Handlungsanweisungen. Wissen stützt sich auf Daten und Informationen, ist im Gegensatz zu diesen jedoch immer an Personen gebunden.«*[10]

Hier wird bereits deutlich, dass es *das* Wissen in generischer Reinform nicht gibt. Vielmehr basiert es immer auf einem individuellen Bezugssystem und persönlichen Erfahrungen. Damit ist Wissen auch mehr als die bloße Aufnahme von Informationen oder Daten.

▸ **Beispiel**

Das bloße Lesen einer betriebswirtschaftlichen Auswertung oder einer Jahresabschlussbilanz ist zunächst einmal nur die bewusste Wahrnehmung von Daten. Diese bilden den »Rohstoff« und erscheinen in diesem

▸▸

Fall in Form von in spezifischer Weise angeordneten Zahlen. Erst durch die kontextuelle Verknüpfung mit einer individuellen Bedeutung und persönlichen Erfahrung dieser Daten entsteht Wissen. Handelt es sich bei der betriebswirtschaftlichen Auswertung um eine Darstellung der Betriebsergebnisse *meines* Unternehmens, so stelle ich einen direkten Bezug zu den dort genannten Zahlen her. Ich leite daraus ab, wie es um mein Unternehmen steht und wie sich die unternehmerischen Entscheidungen, die ich getroffen habe, auf den Unternehmenserfolg ausgewirkt haben. Damit verfüge ich jetzt über Wissen über die aktuelle Situation meines Unternehmens und kann dieses als Grundlage für weitere Entscheidungen wie z. B. Investitionen, Innovationsmaßnahmen, Produktentwicklungen etc. nehmen. Wenn ich dieses Wissen nun auch praktisch anwende, spricht man von Können: Durch das aktive Treffen von Investitionsentscheidungen wende ich das erworbene Wissen an.

3.4. Wissensarten

Der obige Abschnitt hat bereits gezeigt, dass »Wissen« nicht gleich »Wissen« ist und auf unterschiedliche Arten verstanden werden und ausgeprägt sein kann. In der wissenschaftlichen Fachliteratur finden sich diverse Ansätze zur Abgrenzung von unterschiedlichen Wissensarten.

Mit Blick auf die Möglichkeiten zur Übertragung von Wissen im praxisbezogenen Kontext der Unternehmensnachfolge soll sich hier auf die Unterscheidung von »explizitem Faktenwissen« vom »impliziten Können« beschränkt werden.

Faktenwissen/explizites Wissen

Faktenwissen oder explizites Wissen ist anhand von Daten und Informationen vorhanden. Es ist das »Know-what« und objektiv, da

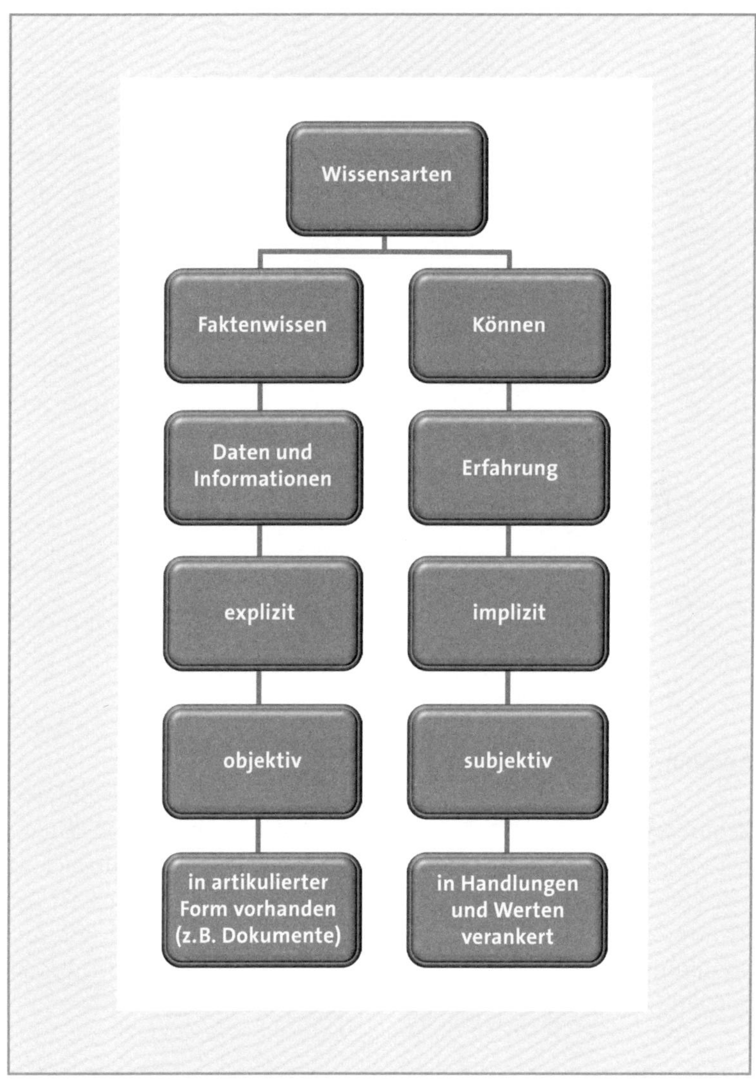

Abbildung 5: Die Wissensarten

es grundsätzlich für Dritte erfass- und erfahrbar ist. Faktenwissen basiert auf dokumentierten, zugänglichen Informationen, die nicht personengebunden sind. Hierzu gehören u. a.:

- Dokumentationen (z. B. Prozessdokumentationen),
- Arbeits- und Verfahrensanweisungen,
- Fachliteratur,
- Notizen, schriftliche Briefings,
- Unternehmenspräsentationen,
- Schulungsunterlagen,
- Aufgabenbeschreibungen,
- Bedienungs- und Betriebsanleitungen,
- Skizzen, (technische) Zeichnungen.

Faktenwissen ist datenbasiert, jedoch nicht zwingend schriftlich. Auch Trainingsvideos oder Übungsaufgaben in computergestützten Lernprogrammen sind dem expliziten Wissen zuzuordnen.

Durch die objektive Verfügbarkeit der Informationen kann Faktenwissen unkompliziert übertragen werden.

Können/implizites Wissen

Können beschreibt das Handlungs- und Erfahrungswissen. Dieses ist subjektiv und entspricht dem persönlichen Erfahrungsschatz samt damit verbundener Emotionen. Das implizite Wissen ist das »Know-how« und entsteht aus der (wiederholten) praktischen Anwendung von Wissensinhalten und individuell erlebten Lernerfahrungen.

Ein gängiges, praktisches Beispiel für implizites Wissen ist das Halten des Gleichgewichts beim Fahrradfahren: Dieses wurde nicht durch Anlesen, also die kognitive Aufnahme sowie intellektuelle Verarbeitung von textlichen Informationen gelernt, sondern durch wiederholte körperliche Erfahrungen. Es wurde so lange versucht und geübt, bis es irgendwann »wie von selbst« ging. Wurde das Radfahren beispielsweise

in der Kindheit erlernt, so ist mit fortschreitendem Alter keine kognitive Anstrengung oder bewusste Analyse der Bewegungsabläufe mehr nötig. Das Wissen hierüber wurde internalisiert.

In Bezug auf unternehmensinterne Prozesse gehören zum impliziten Wissen:

- routinierte Bedienung von Maschinen,
- konzeptionelles und kreatives Arbeiten,
- Gesprächsführungs- und Verhandlungskompetenz (»Wissen, wie man mit Kunden spricht, um zum Vertragsabschluss zu kommen«),
- geschickte Durchführung von komplexen Arbeitsabläufen,
- Diagnose von Störungsquellen auch ohne technische Hilfsmittel,
- intuitive Problemlösungskompetenz, Entscheidungen »aus dem Bauch heraus« treffen.

Die letztgenannten Punkte haben eine besonders hohe Relevanz für handwerkliche Betriebe. Deren Unternehmer oder Mitarbeiter verfügen oft über eine jahrelang aufgebaute Expertise und ein Handlungswissen, das es ihnen ermöglicht, die vielfältigen verschiedenen, kniffeligen Herausforderungen in den Gewerken scheinbar mühelos und intuitiv zu meistern.

Implizites Wissen ist subjektiv und im Kopf des Wissensträgers gespeichert. Es ist weiterhin meist nicht bewusst abrufbar, da Handlungen weitestgehend automatisiert ablaufen. Dies beeinflusst auch die Übertragbarkeit von implizierten Wissensinhalten.

KMU weisen, u. a. aufgrund einer oftmals restriktiven Informationspolitik der Unternehmerpersönlichkeit und der in der Regel geringeren Fluktuation im Vergleich zu großen Unternehmen und Konzernstrukturen, eine deutlich größere Menge impliziten Wissens auf. Deshalb ist der Transfer dieser Wissensart für einen nachhaltig erfolgreichen Nachfolgeprozess von besonderer Bedeutung.

3.5. Wissensträger

Als Wissensträger werden im Kontext des Wissenstransfers Menschen bezeichnet, die aufgrund ihrer Fähigkeiten und ihrer Tätigkeit Wissen erworben haben und anwenden, das für die Leistungserbringung des Unternehmens relevant ist.

Zu den wesentlichen Wissensträgern in kleinen und mittleren Unternehmen gehört zuvorderst der abgebende Unternehmer. Er ist in der Regel gleichzeitig Gründer sowie langjähriger Unternehmenslenker und verfügt daher über den größten Wissensfundus über die Situation, Ressourcen, Leistungen und Prozesse des Unternehmens. Auch hat er meist den größten Erfahrungsschatz zu den unterschiedlichen und vielseitigen Herausforderungen, die der Betrieb im Laufe der Zeit meistern musste, sowie zur Entwicklung entsprechender Lösungsansätze. In den meisten KMU ist er auch der zentrale Ansprech- und Verhandlungspartner für Kunden, Lieferanten und Mitarbeiter. Oft bestehen die Kontakte über viele Jahre und gehen bisweilen auch über die rein geschäftliche Ebene hinaus, sodass Privatleben und Geschäftsleben diffundieren. Nicht selten ist beispielsweise auch der Ehepartner des Inhabers mittelbar im Unternehmen involviert, Mitarbeiter werden zu privaten Grillfeiern eingeladen, mit Kunden und Lieferanten werden gemeinsam Sportevents besucht oder es wird auch in einem Verein Sport gemeinsam betrieben. Das dadurch entstandene Vertrauen ist die Basis für eine solide Geschäftsentwicklung. Die Entscheidungen des Inhabers haben unmittelbaren Einfluss auf den Erfolg des Unternehmens. Damit bildet er bildlich gesprochen das Nervenzentrum oder die Kommandozentrale des Unternehmens, in der alle Fäden zusammenlaufen.

Weitere Wissensträger in einem Unternehmen sind natürlich auch die dort beschäftigten Mitarbeiter. Gerade in mittelständischen Unternehmen ist festzustellen, dass Mitarbeiter dort in der Regel über einen größeren Gestaltungsspielraum für ihre Aufgabenbereiche verfügen als in Konzernstrukturen. Während die Arbeitsabläufe in Konzernen meist sehr stark strukturiert und spezialisiert sind, gilt es für Mitarbeiter kleiner und mittlerer Unternehmen eher interdisziplinär und »über den Tellerrand« des originären eigenen Aufgabenbereichs hinaus zu agieren. So übernehmen Mitarbeiter in KMU normalerweise schneller Verantwortung für eigene Bereiche und Projekte, wodurch auch das Ergebnis ihrer Arbeit für Sie direkt sicht- und erfahrbar wird.

Auch sind die hierarchischen Verhältnisse in kleinen und mittleren Unternehmen meist flacher als in Konzernstrukturen. Dies begünstigt den fachlichen und persönlichen Austausch mit Kollegen und Vorgesetzten, was vor allem zur Bildung von implizitem Wissen beiträgt.

Mit Blick auf das Thema Wissenstransfer bedeutet dies, dass Mitarbeiter in KMU in der Regel über einen fundierten Erfahrungsschatz verfügen, der sich nicht nur auf ihren originären Aufgabenbereich bezieht, sondern auch auf angrenzende oder erweiterte Arbeitsgebiete. Bei Kleinstunternehmen mit bis zu 10 Mitarbeitern sind diese nicht selten auch Generalisten und können ein breites Spektrum der im Betrieb anfallenden Aufgaben übernehmen. Für einen erfolgreichen Wissenstransferprozess im Rahmen der Unternehmensnachfolge sind sie daher möglichst frühzeitig und umfassend zu integrieren.

Dies gilt umso mehr für Mitarbeiter, die sich als besondere Leistungsträger erwiesen haben. Diese werden auch »Deep Smarts« genannt und zeichnen sich durch eine außergewöhnlich hohe Auffassungsgabe und intuitive Problemlösungskompetenz aus. Diesen Mitarbeitern gelingt es scheinbar mühelos, auch komplexe Sachverhalte und Situationen mit gesteigertem Schwierigkeitsgrad gedanklich schnell und systematisch zu durchdringen und innerhalb kurzer Zeit und mithilfe von kreativen Einfällen erfolgreich Lösungen zu finden. Diese Mitarbeiter sind sowohl für den betrieblichen Leistungsprozess als auch für die Unternehmensentwicklung besonders wertvoll.

3.6. Wissensbasis

Unter dem Begriff der organisationalen Wissensbasis wird der Wissens- und Erfahrungsschatz einer Organisation verstanden. Damit ist jenes relevante Wissen gemeint, das ein Unternehmen benötigt, um Aufgaben und Problemstellungen zu lösen. Die Wissensbasis umfasst daher zum einen Daten- und Informationsbestände, die beispielsweise in physischer Form auf Datenträgern im Unternehmen vorhanden sind. Des Weiteren zählen aber auch die individuellen Wissensstände, Fertigkeiten und Fähigkeiten von Mitarbeitern sowie des Unternehmensinhabers selbst zur Wissensbasis, ebenso wie kollektives Wissen und Fähigkeiten, die beispielsweise durch Teamarbeit zum Tragen kommen.

Die Wissensbasis ist kein starres oder statistisches Konstrukt. Sie ist vielmehr dynamisch und entwickelt sich ständig weiter. Meistert ein Mitarbeiter beispielsweise bei der Verrichtung einer Aufgabe eine Herausforderung oder findet er einen effizienteren Weg, eine Aufgabe zu lösen, stellt dies einen individuellen Lernprozess dar, durch den er neues Wissen erwirbt. Teilt der Mitarbeiter dieses neu erworbene Wissen nun mit seinen Kollegen und versetzt diese dadurch in die Lage, ähnliche Herausforderungen in analoger Art und Weise zu meistern, können Lerneffekte entstehen, von denen die ganze Organisation profitiert. Es entsteht neues Wissen, das künftig in die betriebliche Leistungserstellung einfließt.

Die Wissensbasis bildet damit einen entscheidenden Faktor für die Wettbewerbsfähigkeit eines Unternehmens. Daher spielt sie für den Wissenstransfer im Nachfolgeprozess eine entscheidende Rolle.

3.7. Wissensgegenstände

Unter dem Begriff »Wissensgegenstand« werden hier alle Formen von einzelnen Inhalten zusammengefasst, die gemeinsam die Wissensbasis bilden. Wissensgegenstände können daher Informationen, Daten oder auch Erfahrungen des Unternehmensinhabers und der

Mitarbeiter sein, die im Kontext mit dem Unternehmen stehen und für dessen operative Leistungsfähigkeit wichtig sind. Die Begriffe »Wissensgegenstand« und »Wissensinhalt« werden hier synonym verwendet.

3.8. Wie Wissensarten übertragen werden können

Ziel des Wissenstransfers im Rahmen der Unternehmensnachfolge ist es, Wissensinhalte, die zur erfolgreichen operativen Weiterführung des Unternehmens nötig sind, für den Nachfolger nutzbar zu machen.

Diese Wissensinhalte können in Form von unterschiedlichen Wissensarten, dem impliziten oder dem expliziten Wissen, vorliegen und auf unterschiedliche Wissensträger verteilt sein. Welche und wie viele Wissensträger es in einem Unternehmen gibt, kann dabei nur individuell für jedes Unternehmen festgestellt werden. Ob und in welcher Form beispielsweise Prozesse, Arbeitsschritte und Vorgehensweisen dokumentiert werden, ist abhängig von der Unternehmensorganisation und der gelebten Ablauforganisation. Auch die Unternehmenskultur spielt hierbei eine Rolle. So legen beispielsweise Unternehmensinhaber und Führungskräfte unterschiedlich großen Wert auf die Dokumentation von Prozessen oder Arbeitsschritten, also die Produktion expliziten Wissens. Auch der wertvolle kollegiale Erfahrungsaustausch, der zu einem Transfer von implizitem Wissen beiträgt, wird unterschiedlich gehandhabt.

Die unterschiedlichen Wissensarten erfordern jeweils spezifische Methoden der Übertragung. Dabei ist die Übertragung von explizitem Wissen bzw. Faktenwissen aufgrund der Bindung an Trägermedien meist einfacher als der Transfer von implizitem Wissen. Dieses liegt schließlich nicht in textlicher oder bildlicher Form vor, sodass es von einer dritten Person darüber aufgenommen werden kann, sondern ist in den Köpfen der Wissensträger gespeichert. Im Prozess der Betriebsübergabe sind grundsätzlich beide Wissensarten betroffen. Der Nachfolger muss im Rahmen des Übergabeprozesses sowohl Zugang zu expliziten Wissensgegenständen erhalten als auch implizites Wissen darüber erlangen, wie die betriebliche Leistung des Unternehmens so zu erbringen ist, dass sich unternehmerischer Erfolg einstellt. Hierzu gilt es, die durch die vorhandene Wissensbasis im Unternehmen bestehenden Wettbewerbsvorteile des Unternehmens am Markt zu realisieren. Dabei kann explizites Wissen beispielsweise in Form einer Prozessdokumentation oder einer technischen Zeichnung einem Dritten physisch ausgehändigt werden. Das ist jedoch für das implizite Wissen nicht möglich, da dieses meist nicht bewusst artikulierbar ist und persönliche Lernerfahrungen eine wesentliche Rolle spielen. Deshalb bedarf die Übertragung von Handlungs- und Erfahrungswissen spezifischer Übertragungsmethoden und vor allem: Zeit.

Die Wissensspirale: Das SECI-Modell nach Nonaka und Takeuchi

Um die methodischen Ansätze für den Transfer von implizitem Wissen verständlicher zu machen, soll hier kurz auf das SECI-Modell nach Nonaka und Takeuchi eingegangen werden.

In den 1990er-Jahren stellten westliche Unternehmen mit einem gewissen Erstaunen fest: Japanische Firmen und Konzerne, insbesondere in den Wirtschaftszweigen der Automobilindustrie, der technischen Konsumgüter sowie der Unterhaltungselektronik, erzielten auffallende und anhaltende wirtschaftliche Erfolge durch die Entwicklung neuer Produkte. Was machten sie anders? Die japanischen Wissenschaftler Ikujirō Nonaka und Hirotaka Takeuchi untersuchten auf Wunsch der Harvard Business School die signifikanten Unterschiede. Sie stellten bei ihren Untersuchungen fest, dass ein Spezifikum von japanischen Unternehmen ihr Umgang mit Wissen ist. Während im Westen eher eine Haltung herrschte, nach der der Einzelne als Hüter und Bewahrer seines Experten- und Fachwissens agieren muss, wird in Japan ein stärkeres Zusammenspiel zwischen individuellem Wissen und der Organisation gelebt. So ist die Adaption von Wissen aus externen Quellen und dessen

Aneignung und Nutzung dort gelebte Praxis. Dadurch wird nicht nur bestehendes Wissen in einer Organisation transformiert, sondern es entsteht auch neues Wissen, das ihrer Wissensbasis hinzugefügt wird und welches sich direkt in neuen Produkten oder Dienstleistungen manifestiert.

Auf Basis ihrer Erkenntnisse und unter Berücksichtigung der unterschiedlichen Wissensarten des expliziten und impliziten Wissens entwickelten Nonaka und Takeuchi ein Modell, das die Übertragung von Wissen in vier Schritten darstellt. Diese Schritte heißen:

- Sozialisation (socialization),
- Externalisierung (externalization),
- Kombination (combination),
- Internalisierung (internalization).

Das SECI-Modell wird auch als Wissensspirale bezeichnet, da die vier Schritte keinen linearen Prozess bilden, sondern vielmehr einen kontinuierlichen Übergang von impliziten zu explizitem Wissen darstellen.

Sozialisation

Die erste Phase der Sozialisation beschreibt die Übertragung von implizitem Wissen zu implizitem Wissen. Dies geschieht durch Beobachtung, Nachahmung, Übung und kann auch als die entwicklungsgeschichtlich älteste Form des sozialen Lernens bezeichnet werden. Die Übertragung des impliziten Wissens durch Sozialisation findet zwar durch zwischenmenschliche Interaktion statt, bedarf aber prinzipiell nicht einmal gesprochener Worte. Ein gutes praktisches Beispiel hierfür ist die Beziehung zwischen Meister und Lehrling, wie sie im Handwerk üblich ist. Der Meister führt eine Handlung in einer bestimmten Umwelt durch, der Lehrling beobachtet diese und ahmt sie nach. Dadurch eignet er sich implizites Wissen an.

Externalisierung

Die Phase der Externalisierung wird bisweilen auch als Artikulation bezeichnet, wodurch bereits deutlich wird, worum es in dieser inhaltlich geht. In der Externalisierung wird das durch die Sozialisation erworbene implizite Wissen durch die Verwendung von Medien in explizites Wissen transformiert. Diese Medien können beispielsweise Sprache oder auch Bilder, Zeichnungen, Metaphern oder Modelle sein, durch die die Wissensinhalte transportiert und damit anderen zugänglich gemacht werden. Durch das Teilen des impliziten Wissens über ein Medium mit einer Gruppe wirkt es als explizites Wissen wiederum durch die Gruppe auch auf die Umwelt.

Um beim genannten Praxisbeispiel der Meister-Lehrling-Beziehung zu bleiben: Erklärt der Meister dem Lehrling seine Arbeitsschritte oder fertigt zum besseren Verständnis vielleicht sogar noch Zeichnungen an, liegt eine Externalisierung vor. Der Lehrling ahmt nicht nur das Verhalten des Meisters nach, sondern kann das implizite Wissen des Meisters, durch ein Medium externalisiert, aufnehmen, reflektieren und anwenden.

Kombination

In der Phase der Kombination wird explizites Wissen mit explizitem Wissen verknüpft. Dies kann beispielsweise durch einen Abgleich des aufgenommenen expliziten Wissens mit bereits vorhandenem Wissen, durch Neubewertung oder Überarbeitung geschehen. Als Ergebnis dieses Prozesses entsteht wiederum neues explizites Wissen.

Hat der Lehrling aus diesem Praxisbeispiel das externalisierte Wissen seines Meisters aufgenommen, gleicht es mit seinem bereits vorhandenen Wissen ab und diskutiert es beispielsweise mit seinem Meister, so wird externalisiertes Wissen kombiniert. Hieraus kann wiederum neues Wissen entstehen.

Internalisierung

In dieser Phase wird das durch die Kombination neu entstandene und erworbene Wissen gezielt angewendet. Durch dieses sprichwörtliche Learning by Doing wird die Anwendung des Wissens routiniert und eine bewusste Durchführung von Handlungen, die sonst mentaler Anstrengungen bedarf, verläuft irgendwann wie von selbst.

Wendet der Lehrling aus dem Beispiel also sein neu erworbenes Wissen regelmäßig praktisch an, so wird es internalisiert und steht als implizites Wissen zur Verfügung. Dadurch beginnt die Wissensspirale erneut: Soll der Lehrling nun sein implizites Wissen weitergeben, so startet dieser Prozess wieder mit der Phase der Sozialisierung.

Das SECI-Modell nach Nonaka und Takeuchi lässt sich grafisch wie folgt darstellen:

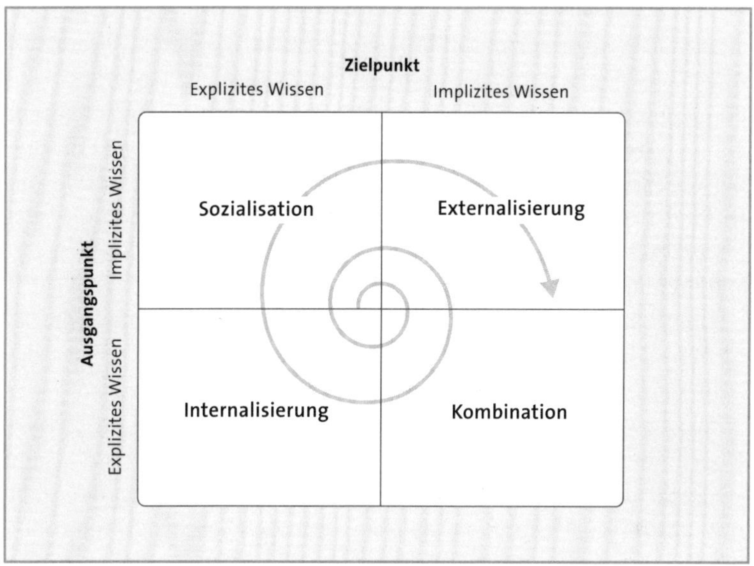

Abbildung 6: Das SECI-Modell der Wissensspirale nach Nonaka und Takeuchi, eigene Darstellung

Welche Erkenntnisse können nun aus dem SECI-Modell nach Nonaka und Takeuchi für den Wissenstransferprozess im Rahmen der Unternehmensnachfolge gewonnen werden?

Nicht selten wird der Prozess des Wissenstransfers durch den Unternehmensinhaber und seinen Nachfolger hinsichtlich des zeitlichen und inhaltlichen Umfangs unterschätzt. So kann durchaus die Annahme bestehen, dass die Überreichung von bestimmten Unterlagen, wie z. B. Verträge, Bilanzen etc., an den Nachfolger ausreicht, um ihn mit dem notwendigen Wissen für die Fortführung des Betriebs auszustatten.

Dies greift jedoch für den angestrebten praktischen Umgang mit betriebsrelevantem Wissen zu kurz. Die Übergabe von betrieblichen Dokumenten ist dem expliziten Wissen zuzuordnen und daher nur eine Seite der Medaille. Das Ziel des Transfers ist, dass der Nachfolger Zugang zu allen Wissensinhalten erhält, die für die betriebliche Leistungserbringung relevant sind und dadurch die vorhandenen Wettbewerbsvorteile des Betriebs nachhaltig nutzen kann. Diese bestehen primär in Form von impliziten Wissensinhalten, die sich oft über viele Jahre entwickelt haben. Diese sind, wie beschrieben, in den Köpfen des Unternehmensinhabers und der Mitarbeiter gespeichert und nicht bewusst abruf- oder artikulierbar. Deshalb kommen bei der Übertragung von implizitem Wissen spezielle Transfermethoden zum Einsatz. Diese bauen vor allem auf zwischenmenschlicher Interaktion auf, wie sie im SECI-Modell nach Nonaka und Takeuchi beschrieben wird.

Mit Blick auf den Wissenstransferprozess im Rahmen der Unternehmensnachfolge lässt sich feststellen, dass sich implizites und explizites Wissen gegenseitig beeinflussen und ergänzen.

Daher sollen im folgenden Abschnitt verschiedene Methoden zur Übertragung beider Wissensarten dargestellt werden. Es gibt eine Vielzahl von Methoden, deren komplette Aufzählung den Rahmen dieses Buchs sprengen würde. Deshalb wird sich hier auf eine Auswahl an Methoden beschränkt, die den größtmöglichen praktischen Anwendungsbezug für den Nachfolgeprozess in kleinen und mittleren Unternehmen haben.

3.9. Wissenstransfer in der KMU-Nachfolge: Vier Stufen zum Erfolg

Das Ziel des Wissenstransfers im Rahmen der Unternehmensnachfolge ist es, dem Nachfolger das Wissen zu vermitteln, das er benötigt, um das Unternehmen operativ erfolgreich weiterzuführen. Der Nachfolger benötigt also Zugriff auf die Wissensbasis des Unternehmens. Diese findet sich zum einen in den vorhandenen expliziten Wissensinhalten, d.h. Verfahrensweisen, Verträgen, Dokumentationen etc. Zum anderen gehört auch das implizite Wissen dazu, welches sich quasi in den Köpfen des übergebenden Unternehmers und der Mitarbeiter findet.

Damit die Wissensbasis effizient und effektiv an den Nachfolger übertragen werden kann, ist es empfehlenswert, den Transferprozess zu strukturieren. Durch die Zerlegung des Gesamtprozesses in mehrere aufeinanderfolgende Arbeitsschritte bleibt der Prozess besser plan- und überschaubar. Zudem kann auf bestimmte Eventualitäten und Abweichungen reagiert werden. Hierfür soll im Folgenden ein Vier-Stufen-Modell vorgestellt werden, das den Wissenstransfer in der Nachfolgeplanung für kleine und mittlere Unternehmen unterstützt. Die einzelnen Stufen bilden dabei die jeweiligen Prozessschritte mit ihren spezifischen Handlungsfeldern ab. Beginnend mit der Stufe der Identifikation, der Bewertung und des Transfers bis schließlich die Phase der Transformation erreicht wird, in der das übertragene Wissen integriert wird. Die einzelnen Stufen bauen dabei systematisch aufeinander auf.

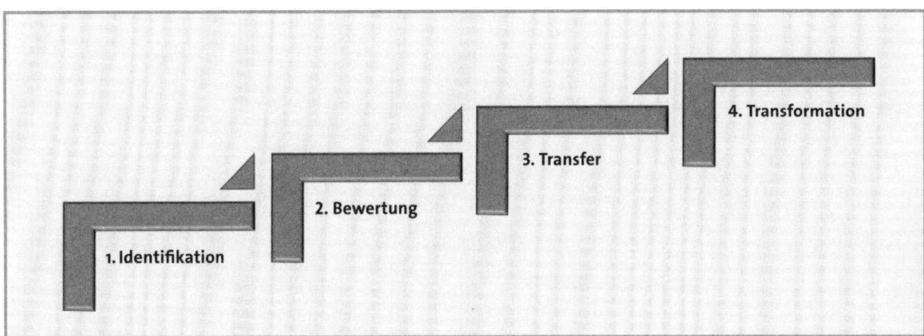

Abbildung 7: Der 4-Stufen-Prozess des Wissenstransfers in der KMU-Nachfolge

Dabei ist zu beachten, dass der Wissenstransfer für jedes Unternehmen individuell ist, genau wie der jeweilige Nachfolgeprozess selbst. Jedes kleine und mittlere Unternehmen ist so einzigartig wie die Unternehmerpersönlichkeit, die es führt und meist auch gegründet hat. Seine Geschichte ist so spezifisch wie sein Wachstum organisch ist.

Daher ist auch der »Startpunkt« – die Ausgangsbasis, von der aus jeder Nachfolge- und Wissenstransferprozess initiiert wird – individuell, ebenso die Voraussetzungen, die ein Unternehmen hierfür mitbringt. Auch die Menge an vorhandenem explizitem Wissen, das wie dargestellt aufgrund der Mediengebundenheit tendenziell einfacher zu vermitteln ist, ist unterschiedlich. Während beispielsweise in einem Betrieb nur die unverzichtbaren und notwendigsten Prozesse schriftlich dokumentiert werden, kann die Protokollierung von Arbeitsschritten in einem anderen Betrieb zu den täglichen Aufgaben gehören. Dies ist auch beeinflusst durch die Unternehmenskultur und das Geschäftsfeld, in dem das Unternehmen agiert. Ein ambulanter Pflegedienst wird beispielsweise allein durch die gesetzlichen Dokumentationspflichten einen höheren Anteil an dokumentiertem Wissen aufweisen als ein Einzelhandelsgeschäft für Dekorations- und Haushaltswaren.

Der Prozess des Wissenstransfers ist dabei als gemeinschaftliche Aufgabe vom übergebenden Unternehmer und Nachfolger gleichzeitig zu betrachten. Dieser Prozess ist ein gemeinsames Projekt, dessen Gelingen nicht zuletzt auch von der Kooperationsfähigkeit von Senior-Unternehmer und Nachfolgendem abhängt, die auf ein gemeinsames Ziel hinarbeiten.

Stufe Eins: Die Identifikation

In der ersten Stufe der Identifikation wird die inhaltliche Grundlage und Ausgangsbasis für den weiteren Wissenstransferprozess gebildet.

Ziel ist es, festzustellen und zusammenzutragen, welche Quellen im Unternehmen vorhanden sind, in denen relevantes Wissen über die Leistungsprozesse des Unternehmens gespeichert ist. Die Identifikation ist also eine Bestandsaufnahme mit dem Ziel, sich zunächst einen Überblick zu verschaffen und die weiteren Schritte des Transfers strategisch planen zu können. Deshalb ist eine schriftliche Dokumentation des Wissensbestands empfehlenswert. Diese kann beispielsweise anhand einer Checkliste oder einer Tabelle erfolgen. Auch die im Folgenden näher erläuterten Werkzeuge der Wissenskarte und des Wissensträgerverzeichnisses können hierbei hilfreich sein. Bei der Bestandsaufnahme ist die Art des Wissens zunächst zweitrangig. Explizite Wissensgegenstände wie Verträge, Dokumente, Bilanzen, Daten zu Kunden und Lieferanten etc. sollten mit einem Hinweis zum Ablageort und dem Medium, auf dem sie gespeichert sind, vermerkt werden. Weiter gehören aber auch Quellen für implizites Wissen dazu. Dieses ist, wie bereits beschrieben, vor allem in den Köpfen des Unternehmensinhabers sowie der Mitarbeiter gespeichert und dadurch nicht bewusst abrufbar. Hier hilft die Anfertigung eines Wissensträgerverzeichnisses dabei, festzuhalten, welcher Mitarbeiter über welches relevante Wissen verfügt. Sind für die betriebliche Leistungserbringung auch externe Wissensquellen außerhalb des Unternehmens relevant, sind auch diese aufzuführen. Dies kann beispielsweise dann der Fall sein, wenn bestimmte Prozesse ganz oder teilweise outgesourct sind.

▶ **Beispiel**

Die Grau Kunststoffverarbeitung GmbH hat die Online-Marketing-Agentur Zauberbude mit der digitalen Vermarktung ihrer Produkte beauftragt. Im Zuge des Wissenstransfers müssen dem Nachfolger Florian Frisch sowohl die Kontaktdaten der Agentur als auch entsprechende Verträge und sonstige Vereinbarungen zugänglich gemacht werden. Diese gilt es im Rahmen der Identifikation schriftlich festzuhalten.

Ein weiterer wichtiger Schritt in der Stufe der Identifikation ist auch das Wissen des Nachfolgers. Dieser bringt, je nach Situation, seine eigenen Erfahrungen sowie implizite und explizite Wissensinhalte mit und wird das Unternehmen künftig strategisch ausrichten. Nicht selten nutzen Nachfolger die Übernahme eines Unternehmens auch, um eigene Vorstellungen und Ziele zu realisieren oder bestimmte Modernisierungsmaßnahmen im Betrieb umzusetzen. Hierfür kann es notwendig sein, auch externes Wissen einzukaufen, z. B. bei einem IT-Dienstleister oder Systemanbieter. Daher ist es im Rahmen der Vorbereitung der Unternehmensnachfolge auch ein wertvoller Schritt, dass der Nachfolger seine Wissensbestände ebenfalls aufführt. Dies ist umso wichtiger, wenn dem Nachfolger noch mögliche Qualifikationsmerkmale fehlen, die für die Ausführung der angestrebten Tätigkeit relevant sind. Hierzu können beispielsweise Sachkundenachweise für die Ausführung von erlaubnispflichtigen Tätigkeiten zählen. Im folgenden Text sollen Methoden aus der Praxis vorgestellt werden, die in der Stufe der Identifikation besonders hilfreich sein können.

Wissenskarte

Die Erstellung einer Wissenskarte ist eine einfache Methode, um Informationen zu einzelnen Wissensgegenständen zusammenzutragen und kontextuell zu verknüpfen. Durch die Erstellung von Mindmaps können auch Verknüpfungen zu Ablageorten, Informationsquellen und -medien, Vorgehensweisen oder auch Ansprechpartnern hergestellt und verschriftlicht werden.

Dadurch wird ein grafisches Verzeichnis geschaffen, das als Referenzstruktur einen guten Überblick über ein Wissensgebiet gibt. Bei der Anlage einer Wissenskarte wird assoziativ vorgegangen. Hierzu wird am besten auf einem weißen, unlinierten Blatt Papier zunächst das zentrale Thema erstellt, der Wissensgegenstand möglichst klar formuliert und in der Mitte notiert. Dabei sollte sich nicht zu sehr damit aufgehalten werden, ob der notierte Gegenstand nun ein bestimmtes Wort, ein Fachterminus in Form eines Substantivs oder eine Tätigkeit in Form eines Verbs oder eines Halbsatzes ist. Wichtiger ist, dass Nachfolger und Übergeber ein gemeinsames Verständnis haben, was konkret mit dem Begriff gemeint ist. Davon ausgehend werden dann die damit verbundenen Schlüsselbegriffe um die Mitte herum notiert und mit Linien verbunden. Anschließend können weitere ergänzende Informationen zu diesen Schlüsselbegriffen notiert und ebenfalls durch Linien mit diesen verbunden werden. Zur besseren systematischen Abgrenzung können auch verschiedene Farben verwendet werden. So entsteht Stück für Stück eine Verästelung von Begriffen, die ein netzwerkartiges Bild bietet. Ein weiterer Mehrwert dieser Methode ist auch, dass hier den Gedanken freier Lauf gelassen wird und dadurch die kreativen und assoziativen Fähigkeiten des menschlichen Gehirns genutzt werden können.

Im praktischen Vorgehen reflektiert und strukturiert der Ersteller die jeweilige Arbeitsaufgabe und sein Vorgehen dabei. Dies kann auch in kurzen Stichworten beschrieben werden.

- Im nächsten Schritt wird für jede Aufgabe festgehalten, wie der abgebende Unternehmer vorgeht und gegebenenfalls auch, warum so gehandelt wird.

- W-Fragen helfen bei der Beschreibung:
  - Was ist konkret zu tun?
  - Wie gehe ich vor?
  - Welche Materialien und Werkzeuge (auch Datenbanken, digitale Anwendungen und Informationsquellen) nutze ich?
  - Wann müssen die Aufgaben erledigt sein?
  - Wer ist noch für den Prozess zuständig oder kann hierzu angesprochen werden?

Ein Beispiel einer Wissenskarte für den Wissensgegenstand »Eingangsrechnungen«:

▶ **Beispiel**

Der Unternehmer Otto Paulsen möchte sein Transportdienstleistungsunternehmen aus Altersgründen an seinen Sohn Richard übergeben.

▶▶

Dieser hat nach seinem Studium bisher erste Berufserfahrungen bei einem weltweit operierenden Logistikdienstleister gesammelt, aber noch nicht im väterlichen Unternehmen mitgearbeitet. Auch wenn Richard die grundsätzlichen Aufgaben und Arbeitsschritte versteht, so kennt er die spezifischen Vorgehensweisen und Prozesse im väterlichen Unternehmen noch nicht. Daher geht es zunächst darum, Richard einen Überblick über die Wissensgegenstände zu verschaffen. Hierfür wollen die Paulsens Wissenskarten nutzen. Zunächst soll eine Wissenskarte für den Wissensgegenstand »Eingangsrechnungen« erstellt werden.

Otto Paulsen notiert also in der Mitte eines weißen Blattes das Wort »Eingangsrechnungen«. Schon beginnt der assoziative Prozess. So möchte Richard Paulsen wissen, wie der prozessuale Umgang mit Eingangsrechnungen ist. Otto Paulsen weiß, dass postalisch eingehende Rechnungen täglich in der Buchhaltung gescannt werden. Er selbst erhält aus der Abteilung wöchentlich ein Reporting mit der Rechnungsübersicht. Auch weiß er, dass Frau Behrend, seine Finanzbuchhalterin die gescannten Eingangsrechnungen in der Buchhaltungssoftware erfasst und auf elektronischem Wege an den Steuerberater sendet. Anschließend werden die Scans nach einer bestimmten Systematik sortiert und auf dem Laufwerk der Buchhaltung abgelegt.

Diese Informationen erfasst Otto Paulsen in Form einer Mindmap:

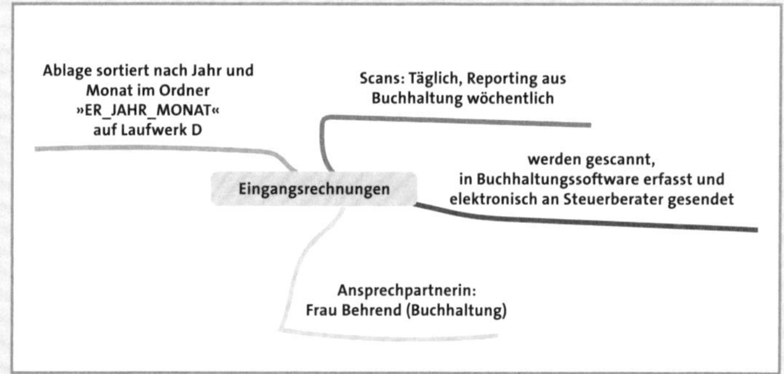

Abbildung 8: Beispiel Wissenskarte, eigene Darstellung

Richard Paulsen hat jetzt zu dem Stichwort »Eingangsrechnungen« die assoziierten Informationen auf einen Blick. Er sieht direkt, wer der Ansprechpartner für dieses Thema ist, wie mit eingehenden Rechnungen im Unternehmen umgegangen wird und welche Informationen er in Form eines wöchentlichen Reportings erhält.

Wissensträgerverzeichnis

Während die Wissenskarte über die assoziativen Verknüpfungen einen Überblick auf die Inhalte bietet, die mit diesen in Verbindung stehen, folgt das Wissensträgerverzeichnis der Fragestellung »Wer weiß was?«

Damit hilft das Wissensträgerverzeichnis bei der Identifikation von Mitarbeitern und deren Wissen zu bestimmten Fachgebieten, Themen und Prozessen im Unternehmen und stellt diese in Form einer Tabelle dar. Für einen Nachfolger sind diese Informationen besonders wichtig, damit er nicht nur eine Vorstellung davon bekommt, welche Mitarbeiter welche Aufgaben übernehmen, sondern auch einen Einblick in ihre Erfahrungsstufen erhält. Weiter hilft das Verzeichnis auch bei der Identifikation von Wissensträgern, deren Ausscheiden kritisch für die weitere Leistungserbringung des Unternehmens ist.

Gerade in kleinen und mittleren Unternehmen ist es nicht unüblich, dass Mitarbeiter Kenntnisse und Wissen über mehrere Wissensgebiete haben. Das ist bisweilen auch notwendig, damit Leistungen des Unternehmens auch dann erbracht werden können, wenn ein Kollege mal ausfällt. Um einen Überblick darüber zu erhalten, wie ausgeprägt das Wissen der Mitarbeiter auf unterschiedlichen Gebieten ist, wird im Wissensträgerverzeichnis auch eine Einschätzung der Erfahrungsstufe und Expertise derselben vorgenommen. Diese Einschätzung kann beispielsweise in Form einer farblichen Codierung oder auch mit einem Zahlencode vorgenommen werden.

Eine pragmatische Form der Einschätzung ist eine Nummerierung von 1 bis 3 und die Unterteilung in Kenner (1), Könner (2) und Experte (3).

Kenner meint dabei, dass dem Mitarbeiter das Fachgebiet grundsätzlich bekannt und er in der Lage ist, rudimentäre Aufgaben darin zu erledigen. Zur Bewältigung von Herausforderungen einer höheren Komplexitätsstufe ist er jedoch noch auf die Hilfe von Kollegen mit einem höheren Erfahrungsgrad angewiesen.

Als Könner werden Mitarbeiter bezeichnet, die über vertiefte Kenntnisse, Erfahrungen und Fähigkeiten auf einem Fachgebiet verfügen. Sie können bestimmte Aufgaben routiniert übernehmen und zuverlässig gute Lösungen und Leistungen erbringen.

Experten sind die wahren Profis, die sprichwörtlich »sichere Bank«. Hierzu gehören Mitarbeiter, die über herausragendes Wissen auf einem Fachgebiet verfügen. Sie blicken meist auf eine langjährige Erfahrung in der Bewältigung auch hochkomplexer Herausforderungen zurück und sind in der Lage, schnelle, effiziente Lösungen zu entwickeln. Umgangssprachlich beherrschen sie ihr »Handwerk aus dem Effeff«.

Ein weiterer Vorteil des Wissensträgerverzeichnisses ist auch, dass schnell erkannt werden kann, welche Themen und Prozesse im Unternehmen personell gut abgedeckt sind und wo möglicherweise Herausforderungen entstehen könnten, wenn ein Mitarbeiter ausfällt. Auch können aus der Aufstellung Entwicklungspotenziale der Mitarbeiter abstrahiert werden.

Bei größeren Mitarbeiterzahlen kann die Darstellung in einer Tabelle etwas unübersichtlich werden. Dann empfiehlt sich die Bildung von Team-Clustern oder die Darstellung nach Abteilungen.

▸ **Beispiel**

Otto und Richard Paulsen wollen nach der Erstellung von Wissenskarten nun einen Überblick über die Mitarbeiter im Unternehmen und ihre jeweiligen Wissensstände gewinnen.

Damit diese Übersicht möglichst kompakt ist und die wichtigsten Informationen auf einen Blick darstellt, entscheiden sich Vater und Sohn für die Anfertigung eines Wissensträgerverzeichnisses in Form einer einfachen Tabelle. Hierzu führen sie die jeweiligen Wissensgebiete und Kernaufgaben im Transportdienstleistungs-Unternehmen sowie die Namen der Mitarbeiter auf. In einem zweiten Schritt schätzt Otto Paulsen die Erfahrungsstufen seiner Mitarbeiter nach dem System Kenner (1), Könner (2) und Experte (3) ein.

Name	Buchhaltung	IT	Marketing und Vertrieb	Disposition und Tourenplanung	Fuhrpark
Max Müller	–	(3)	–	–	–
Esther Behrend	(3)	–	–	–	–
Mike Günzel	–	(1)	(2)	(3)	(3)
Gülcan Dagdelen	–	–	(3)	(1)	
Stefan Pickert	(1)	(1)	–	(3)	(1)
Melanie Brode	(2)	–	(1)	–	–
Lars Trachow	–	(1)	–	(2)	(1)
Dariusz Nowak	–	–	–	(3)	(3)

Abbildung 9: Beispiel Wissensträgerverzeichnis, eigene Darstellung

Aus dem angefertigten Wissensträgerverzeichnis können Otto und Richard Paulsen nun ableiten, welche Mitarbeiter welche Aufgaben im Unternehmen übernehmen und wie ihr Erfahrungsstand ist. Auch geht aus der tabellarischen Darstellung schnell hervor, dass es in den Bereichen »Buchhaltung« und »IT« jeweils nur einen Mitarbeiter mit einem Expertenstatus gibt. Diese Information ist gerade für Richard in seiner

▸▸

Nachfolgerrolle wichtig. Scheiden diese Expertenmitarbeiter aus, können bestimmte kritische Situationen im Unternehmen entstehen. Daher gibt das Wissensträgerverzeichnis auch Hinweise für die Personalentwicklung und kann zum Aufbau von präventiven Maßnahmen verwendet werden.

Das Wissensträgerverzeichnis ist daher ein gutes Controlling-Werkzeug für personalpolitische Prozesse, das nicht nur im Rahmen einer Unternehmensnachfolge oder eines Wissenstransferprozesses angewendet werden kann.

Zusammengefasst sind für die Stufe der Identifikation als erste Stufe des Wissenstransferprozesses folgende Fragestellungen relevant:

- Welches dokumentierte Wissen ist im Unternehmen vorhanden?
- Wer sind die Wissensträger (neben dem Unternehmensinhaber)? Wer ist Experte für welches Gebiet?
- Auf welche Wissensquellen kann darüber hinaus zurückgegriffen werden?
- Welches Wissen bringt der Nachfolger bereits mit?
- Welche Wissensinhalte werden noch benötigt?
- Welche Informationsquellen stehen zur Verfügung?
- Welche Informationsmedien stehen zur Verfügung?
- Welches Wissen wird im Unternehmen extern eingekauft?

Anhand der genannten Fragestellungen kann nun ein Wissensbestand erhoben werden, der die Ausgangsbasis für den nächsten Schritt, die Bewertung, bildet. Eine schriftliche Dokumentation des Wissensbestands ist empfehlenswert. Diese kann beispielsweise anhand einer Checkliste oder einer einfachen Tabelle erfolgen.

Stufe Zwei: Die Wissensbewertung

Die Identifikation des relevanten Wissens im Unternehmen in der ersten Stufe hat eine Übersicht über die verschiedenen Wissensgegenstände im Unternehmen gebracht, durch die es seinen bisherigen Erfolg im Marktsegment erzielt hat.

Im Zuge des Unternehmensnachfolgeprozesses wird das operative Management des Unternehmens vom bisherigen Eigentümer auf den Nachfolger übergehen. Dieser bringt in der Regel bereits einen eigenen Wissens- und Erfahrungsschatz sowie Ideen und Ansätze mit, wie er das Unternehmen künftig führen und gestalten möchte. Daraus kann auch folgen, dass er bestimmte Prozesse und Handlungen anders macht als der bisherige Eigentümer. Dies kann dazu führen, dass bestimmtes Wissen, das sich aktuell im Unternehmen befindet, in Zukunft nicht mehr für den operativen Leistungsprozess notwendig ist und stattdessen möglicherweise anderes Wissen benötigt wird. Für eine erfolgreiche Wissensbewertung ist es daher zu diesem Zeitpunkt wichtig, dass der Nachfolger bereits ein klares Bild von der künftigen Unternehmensstrategie hat und weiß, welche Anpassungen er möglicherweise vornehmen möchte.

In der zweiten Stufe wird daher nun das vorab identifizierte Wissen hinsichtlich seiner Relevanz für die künftige strategische Ausrichtung und Unternehmensführung bewertet. Hierbei ist es besonders wichtig, das für die operative Leistungsfähigkeit des Unternehmens unverzichtbare Wissen herauszufiltern. Damit ist das Wissen gemeint, das zwingend für den weiteren Geschäftsbetrieb benötigt wird, sodass das Unternehmen erfolgreich in seinem Marktsegment Gewinne erzielen kann. Die Bewertung verfolgt auch das Ziel, den folgenden Wissenstransferprozess möglichst effizient zu gestalten. Es soll kein veraltetes oder unnützes Wissen übertragen werden, das Ressourcen unnötig bindet.

▶ **Beispiel**

Otto und Richard Paulsen haben die Phase der Wissensidentifikation abgeschlossen und sich damit einen Überblick über den Wissensbestand im Unternehmen verschafft.

Richard Paulsen hat während seiner vorherigen Tätigkeit bei einem weltweit agierenden Logistikdienstleister Erfahrungen sammeln können, die er gern in den Betrieb, den er von seinem Vater übernehmen wird, einbringen möchte. Besonders gut hat ihm die dort eingesetzte Software DISPOFIX gefallen, die eine cloudbasierte Verwaltung von Aufträgen, Transporten und Kommunikation mit Partnern – beispielsweise Kunden und Lieferanten – ermöglicht. Die Software analysiert nicht nur Umsätze und Kosten, sondern verfügt auch über die Funktion einer Szenarioanalyse, wodurch die Entscheidungsfindung vereinfacht wird, wenn bestimmte Situationen, wie z. B. Lieferverzögerungen, eintreten sollten. Darüber hinaus kann über eine Schnittstelle direkt das Buchhaltungsprogramm angebunden werden, wodurch auch die Prozesse im Accounting deutlich effizienter gestaltet werden können. Die bisher im väterlichen Betrieb verwendete Software TRANSPODOK erfüllt diese Funktion nicht.

Wird im Zuge des Nachfolgeprozesses nun die neue Software DISPOFIX im Betrieb eingesetzt, müssen die Mitarbeiter, die bisher ihre Aufgaben mithilfe von TRANSPODOK erfüllt haben, auf die neue Software geschult und ihr Einsatz trainiert werden. Da die Anwendung cloudbasiert ist, gilt es, vor dem Einsatz auch die technischen Voraussetzungen sowie die Leistungsfähigkeit der vorhandenen Hardware zu klären. Das »alte« Wissen über die Handhabung von TRANSPODOK und die Prozesse, die mit dem Programm im Zusammenhang stehen, ist also nicht mehr erforderlich. Stattdessen wird neues Wissen über die Anwendung von DISPOFIX benötigt, das jedoch bisher nur bei Richard Paulsen vorhanden ist. Gut, dass der Softwarehersteller von DISPOFIX auch über ein umfangreiches Schulungs- und Trainingsprogramm verfügt, in dem die Mitarbeiter den Umgang mit der Anwendung praktisch lernen.

Wie kann eine Wissensbewertung nun in der Praxis erfolgen, um einschätzen zu können, ob das identifizierte Wissen weiterhin relevant ist? Hierfür soll im Folgenden die Methode der Risikoanalyse für den Wissensverlust vorgestellt werden.

Risikoanalyse für den Wissensverlust

Nachdem die Wissensgegenstände identifiziert und beispielsweise durch eine Wissenskarte assoziativ verknüpft sind, gilt es nun, diese anhand von zwei Fragestellungen zu analysieren und zu bewerten. Diese Analyse hat auch das Ziel, eine Priorisierung der Wissensgegenstände für den Transferprozess vorzunehmen.

Die erste Fragestellung lautet: »Wie negativ ist die Auswirkung auf die operative Leistungsfähigkeit des Unternehmens, wenn der Wissensinhalt das Unternehmen verlässt?« Diese Fragestellung unterscheidet die identifizierten Wissensgegenstände hinsichtlich ihrer Bedeutung für die Leistungserstellung des Unternehmens am Markt. Um dieser Einschätzung einen objektiven Wert zu geben, wird diese anhand einer Skala vorgenommen.

Diese Einschätzung kann grundsätzlich frei gewählt werden, eine Einteilung von 1 bis 5 hat sich jedoch in der Praxis bewährt:

1. = keine negative Auswirkung,
2. = geringe negative Auswirkung,
3. = mittlere negative Auswirkung,
4. = hohe negative Auswirkung,
5. = elementare negative Auswirkung (Handlungsfähigkeit des Unternehmens am Markt ist grundlegend eingeschränkt).

Das Ergebnis der Bewertung wird auch als Grad der Auswirkung bezeichnet.

Die zweite Fragestellung lautet: Wie wahrscheinlich ist es, dass der Wissensinhalt das Unternehmen im Rahmen des Nachfolgeprozesses verlässt?

Dies kann beispielsweise dann der Fall sein, wenn das Wissen an die Person des abgebenden Unternehmers gebunden ist oder wenn sich abzeichnet, dass bestimmte Mitarbeiter den Nachfolgeprozess kritisch sehen und das Unternehmen möglicherweise verlassen werden. Auch hier wird für eine bessere Bewertung der Wahrscheinlichkeit eine Einschätzung anhand einer Skala vorgenommen, die wieder grundsätzlich frei gewählt werden kann.

In der Praxis hat sich eine Skalierung von 1 bis 5 bewährt:

1. = unwahrscheinlich (Wissen bleibt im Unternehmen),
2. = geringe Wahrscheinlichkeit,
3. = mittlere Wahrscheinlichkeit,
4. = hohe Wahrscheinlichkeit,
5. = Sicherheit (Wissen wird Unternehmen definitiv im Rahmen des Nachfolgeprozesses verlassen).

Das Ergebnis der Bewertung wird auch als Grad der Wahrscheinlichkeit bezeichnet.

In einem nächsten Schritt wird der Risikowert ermittelt. Dies geschieht, indem der Grad der Auswirkung mit dem Grad der Wahrscheinlichkeit multipliziert wird.

Also:

Grad der Auswirkung x Grad der Wahrscheinlichkeit = Risikowert

▶ **Beispiel**

Otto Paulsen und sein Sohn Richard bewerten das Risiko des Wissensverlusts im Rahmen der Betriebsübergabe. Sie sind beim Wissensgegenstand »Kontaktdaten der Kunden« angelangt. Diese Daten sind für die Fortführung des Transportdienstleistungsunternehmens essenziell. Ohne sie wäre die Leistungserbringung des Betriebs nicht unterbrechungsfrei möglich und es müssten zunächst neue Kunden akquiriert werden. Zudem bestehen mit den meisten Kunden langfristige Verträge, sodass das Unternehmen auch in der Haftung steht.

Den Grad der Auswirkung bewerten Otto und Richard Paulsen daher mit (5), d. h. besonders hoch. Die Wahrscheinlichkeit, dass das Wissen mit dem Ausscheiden von Otto Paulsen verloren geht, ist auch abhängig von der Verfügbarkeit des Wissens für seinen Sohn Richard. So greift das Unternehmen zwar auf ein rudimentäres Kundenmanagementsystem zurück, in dem die Daten der meisten Kunden gespeichert sind. Auf diese Daten hat Richard also auch nach dem Ausscheiden seines Vaters Zugriff. Dennoch werden nicht alle relevanten Informationen zu Kunden elektronisch erfasst. Otto Paulsen pflegt zu einigen großen und wichtigen Stammkunden bereits seit vielen Jahren enge persönliche Kontakte. Bestimmte Aufträge erfolgen quasi »auf Zuruf« und werden dann von Otto Paulsen selbst abgewickelt. Es handelt sich also um implizites Wissen, das exklusiv im Kopf von Otto Paulsen gespeichert ist. Auch wenn die buchhalterischen Verfahren sauber sind und es bisher nie zu irgendwelchen Beanstandungen gekommen ist, muss auch Richard künftig über dieses Wissen verfügen, damit die Kundenbeziehungen weiter produktiv aufrechterhalten werden können.

Natürlich wird Otto Paulsen seinem Sohn die wichtigen Informationen zu den persönlich bekannten Stammkunden im Rahmen des Nachfolgeprozesses vermitteln, er ist ja selbst an der Fortsetzung seines Lebenswerks interessiert und möchte seinem Sohn nicht schaden. Auch bleibt er natürlich nach dem vollzogenen Übergabeprozess für seinen Sohn ansprechbar und steht ihm mit Rat und Tat zur Seite. Dennoch muss für eine objektive Einschätzung im Rahmen der Risikobewertung von dem (fiktiven) Szenario ausgegangen werden, dass der Übergeber nach der Übergabe nicht mehr zur Verfügung steht.

Vater und Sohn schätzen den Grad der Wahrscheinlichkeit, dass das Wissen nach dem Weggang von Otto Paulsen nicht mehr zur Verfügung steht, daher mit einer erhöhten Wahrscheinlichkeit, einer (4), ein.

Nun wird der Grad der Auswirkung (5) mit dem Grad der Wahrscheinlichkeit (4) multipliziert, um den Risikowert zu ermitteln. Dieser lautet 20 (5 x 4 = 20).

Wie ist dieses Ergebnis nun zu werten? Ziel der Risikoanalyse ist es auch, eine Priorisierung der Wissensgegenstände vorzunehmen.

Wissensinhalt		Grad der negativen Auswirkung (1 bis 5)	Grad der Wahrscheinlichkeit des Wissensverlusts (1 bis 5)	Risikowert
Laufende Nummer	Bezeichnung			
1	Zugriff auf Unterlagen des Steuerberaters	(4)	(4)	(16)
2	Zugriff auf Bankkonten	(5)	(4)	(20)
3	Organigramm des Unternehmens	(2)	(2)	(4)
4	Kontaktdaten der Schlüsselkunden	(5)	(4)	(20)
5	Übersicht laufende Projekte/Aufträge	(4)	(4)	(16)

Abbildung 10: Beispiel Risikoanalyse, eigene Darstellung

Welche müssen im Rahmen des folgenden Transferprozesses dringend zuerst übertragen werden? Welche Wissensgegenstände können anschließend transferiert werden? Welche können eventuell sogar komplett außen vor gelassen werden, da ihr Verlust keine negativen Auswirkungen hat (1) und zudem unwahrscheinlich ist (1). Welches Wissen wird gar nicht mehr benötigt?

Die »rote Linie«, also die Grenze, ab welchem Risikowert ein Wissensgegenstand für den Transferprozess besonders kritisch gewertet wird, muss dabei am besten vom abgebenden Unternehmer und vom Nachfolger selbst definiert werden. Hier spielt auch die Zeit, die für den Prozess zur Verfügung steht eine Rolle. Eine Orientierung bietet hier die »goldene Mitte«, d.h. ein mittlerer Auswirkungsgrad (3) und ein mittlerer Wahrscheinlichkeitsgrad (3), die einem mittleren Risikowert von 9 (3 x 3 = 9) entsprechen.

Zu einer besseren Übersicht kann die Risikobewertung in Form einer Tabelle dargestellt werden. Hier können auch bestimmte Risikowerte farblich markiert werden, was zu einer besseren Übersicht und schnelleren Orientierung für den weiteren Prozess beiträgt.

Inhaltliche Fragestellungen in der zweiten Stufe:

- Welches Wissen bringt der Nachfolger mit und welches Wissen wird für die Umsetzung der künftigen Unternehmensstrategie benötigt?
- Wie hoch sind die negativen Auswirkungen und die Wahrscheinlichkeit des Risikoverlusts?
- Wie soll der Transfer der Wissensinhalte priorisiert werden? Welches Wissen muss dringend zuerst übertragen werden, da es relevant für die Leistungserbringung des Unternehmens ist und welches Wissen kann hintangestellt werden?

Der Wissenstransfer – die dritte Stufe

In der dritten Stufe findet nun endlich der eigentliche Wissenstransfer statt.

Hier werden die zu übertragenden Wissensinhalte anhand der vorgenommenen Bewertung und mithilfe von ausgewählten Transfermethoden priorisiert und durch einen Zeitplan strukturiert übertragen.

Gleich vorweg: Diese Stufe benötigt die meisten Ressourcen – zeitlich und auch mental. Auch können hier die meisten Hindernisse und Stolpersteine auftreten, die den Prozess blockieren oder sogar zum Erliegen bringen können. Deshalb ist eine gute Vorbereitung, die bereits mit den vorherigen Phasen eingeleitet wurde, ein Schlüssel zum Erfolg.

Im Folgenden sollen daher zunächst unterschiedliche Methoden vorgestellt werden, mit denen sowohl implizite als auch explizite Wissensinhalte im Transferprozess praktisch übertragen werden können.

Dokumentationen

Ziel einer Dokumentation ist es, Wissensinhalte so bereitzustellen, dass eine andere Person deren Inhalte und Informationen schnell aufnehmen und verstehen kann. Hierfür können unterschiedliche Medien verwendet werden:

- Texte, wie z. B. Prozessbeschreibungen, Anleitungen oder Berichte, eignen sich besonders für die Vermittlung von Zusammenhängen. Fachbegriffe, Bedeutungen und Abläufe können mit den notwendigen Erläuterungen angereichert werden.

- Bildliche Darstellungen wie Fotoaufnahmen, Zeichnungen, Skizzen oder auch Diagramme liefern visuellen Kontext. So können Skizzen beispielsweise geometrische Fachbegriffe oder Formen wie das Längenmaß und den Durchmesser einer Schraube erklären.

- Akustische Aufnahmen wie Tonmitschnitte oder Gesprächsaufzeichnungen bieten oft kontextuelle Informationen. Bei einem aufgezeichneten Gespräch (z. B. Trainingstelefonat) kann damit nicht nur dokumentiert werden, *was* gesagt wurde, sondern auch *wie* etwas gesagt wurde. Neben der sachlichen Information werden auch emotionale Inhalte transportiert.

- Kombinierte Medien, wie z. B. Videos oder Simulationen, verknüpfen Bild- und Tonaufnahmen und vereinen die Stärken beider Dokumentationsformen. Darüber hinaus können mithilfe von Videos und Simulationen auch Objekte oder Situationen dargestellt werden, die sonst nicht oder nur unter schwierigeren Bedingungen beobachtet werden können, wie

z. B. die Reaktionen durch die Mischung von unterschiedlichen chemischen Stoffen.

Die Auswahl der Dokumentationsform für den Wissenstransfer ist auch abhängig von den zur Verfügung stehenden sowie zeitlichen Ressourcen. So wird beispielsweise für die Erstellung einer Simulation in der Regel externer Sachverstand benötigt, um diese auf dem richtigen Medium abzubilden. Bestimmte Dokumentationen, insbesondere das Festhalten von wiederkehrenden Arbeitsabläufen, sollten jedoch mit Blick auf eine effektive Unternehmensnachfolge regelmäßig vorgenommen und aktualisiert werden. Dies erleichtert dem Nachfolger den Einstieg.

Bei der Erstellung von Wissensdokumentationen sollte auch die Fragestellung beachtet werden, *wer* diese künftig anwenden wird. Bei der Formulierung von Texten ist daher häufig hilfreich:

- einfache Sätze verwenden,
- auf eine klare Struktur achten,
- Nebensächlichkeiten vermeiden.

Flussdiagramme/Flowcharts

Arbeitsprozesse, Systeme und Abläufe können durch Flussdiagramme dargestellt werden.

Diese Art von Diagramm kommt in unterschiedlichen Bereichen zur Anwendung und dient meist dazu, komplexe Prozesse zu dokumentieren und zu kommunizieren. Durch die bildhafte Darstellung erhält der Leser eine schnelle Übersicht über einen Ablauf. Meist werden Flussdiagramme unter Anwendung bestimmter Symbole wie Rechtecke oder Ovale erstellt, die durch Verbindungslinien oder -pfeile miteinander verbunden sind. Dadurch wird der Ablauf eines Prozesses dargestellt.

Flussdiagramme können dabei sowohl für die Abbildung von technischen als auch von nichttechnischen Abläufen (z. B. Buchhaltungsprozesse etc.) verwendet werden.

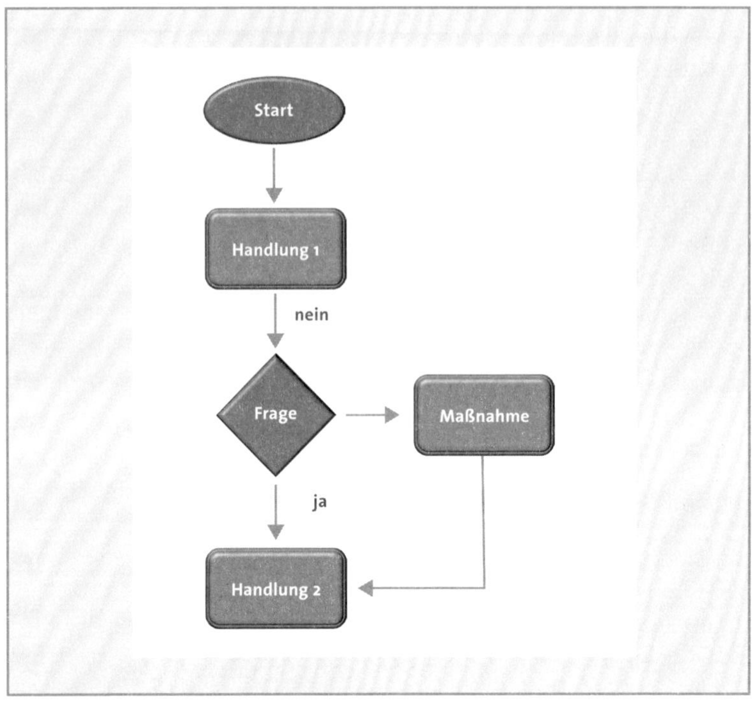

Abbildung 11: Flussdiagramm, eigene Darstellung

Flussdiagramme bieten insgesamt einen guten und intuitiv erfassbaren Überblick über Abläufe und sind meist mit wenig Zeitaufwand erstellbar.

Fotodokumentationen

Fotodokumentationen vermitteln Informationen ebenfalls visuell. Hierbei wird eine Fotoaufnahme mit schriftlichen Hinweisen ergänzt.

Dadurch bieten sie sich insbesondere für die Darstellung von technischen Sachverhalten an. Hierzu können beispielsweise die Funktionsweise von Bedienelementen auf Maschinen und Anlagen gehören. Auch räumliche Situationen oder die Verkabelung von Schaltanlagen lassen sich durch beschriftete Fotografien für Dritte schnell erfassbar darstellen.

Die Anschaffung von teurem Equipment ist in der Regel für die Erstellung einer Fotodokumentation nicht erforderlich. Die meisten aktuellen mobilen Endgeräte und Smartphones verfügen mittlerweile über Kameras mit einer ausreichend hohen Auflösung, auf der die abgelichteten Objekte gut erkennbar sind. Die einfache Beschriftung der aufgenommenen Bilder kann nach entsprechender Datenübertragung über ein gängiges Bildbearbeitungsprogramm vorgenommen werden. Diese sind bei den meisten Heim-PC-Systemen bereits standardmäßig installiert.

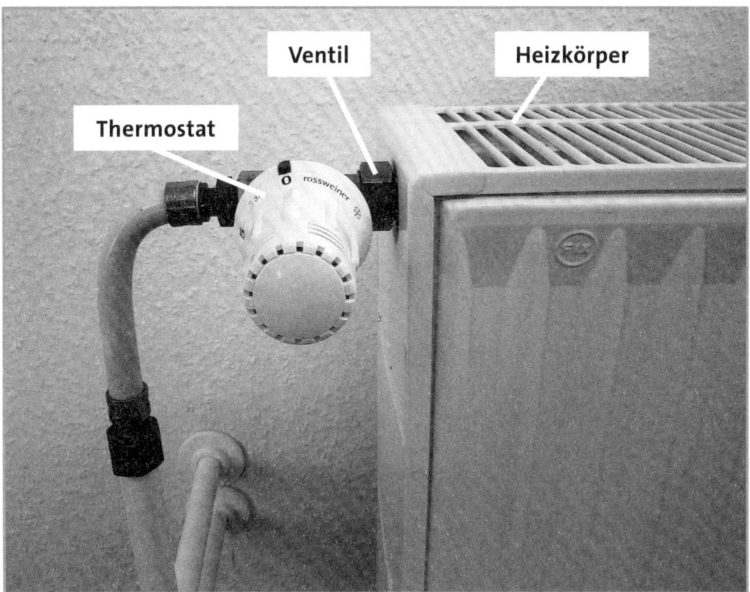

Abbildung 12: Fotodokumentation Heizkörper

Wissenskarten die Zweite – dieses Mal für Mitarbeiter

Das Prinzip und die Mehrwerte von Wissenskarten wurden bereits im Rahmen der ersten Phase der Wissensidentifikation vorgestellt.

Diese Methode kann natürlich nicht nur bei der Wissensidentifikation, sondern auch für den Wissenstransfer insgesamt hilfreich sein. Zum Ersten können die bereits im Rahmen der ersten Phase durch den übergebenden Unternehmer und seinen Nachfolger erstellen Wissenskarten auch als inhaltliche Grundlage für den Transferprozess verwendet werden. Zum Zweiten kann aber auch die Erstellung von Wissenskarten durch die Mitarbeiter eines Unternehmens sehr hilfreich sein.

Das Verfahren für die Erstellung bleibt gleich: Zunächst reflektieren und strukturieren die Mitarbeiter ihre jeweilige Arbeitsaufgabe und das Vorgehen. Dies kann auch in kurzen Stichworten beschrieben werden. Im nächsten Schritt wird für jede Aufgabe festgehalten, wie der Mitarbeiter vorgeht und gegebenenfalls auch warum so gehandelt wird.

Bei der Beschreibung helfen W-Fragen:

- Was ist konkret zu tun?
- Wie gehe ich vor?
- Welche Materialien und Werkzeuge (auch Datenbanken, digitale Anwendungen und Informationsquellen) nutze ich?
- Wann müssen die Aufgaben erledigt sein?
- Wer ist noch für den Prozess zuständig oder kann hierzu angesprochen werden?

So wie auf der nächsten Seite kann eine Wissenskarte eines Vertriebs-Mitarbeiters beispielsweise aussehen.

Wissenskarten sind dabei ein wichtiges Instrument, um mit einer Arbeitsaufgabe verknüpftes implizites Wissen bewusst zu machen, dieses zu artikulieren und damit für den Transferprozess verfügbar zu machen.

Zudem kann durch die Zusammenführung verschiedener Wissenskarten eine richtige Wissenskarte entstehen, in der die verschiedenen Prozesse und assoziierten Themen sowie Arbeitsabläufe für das Unternehmen insgesamt abgebildet werden können.

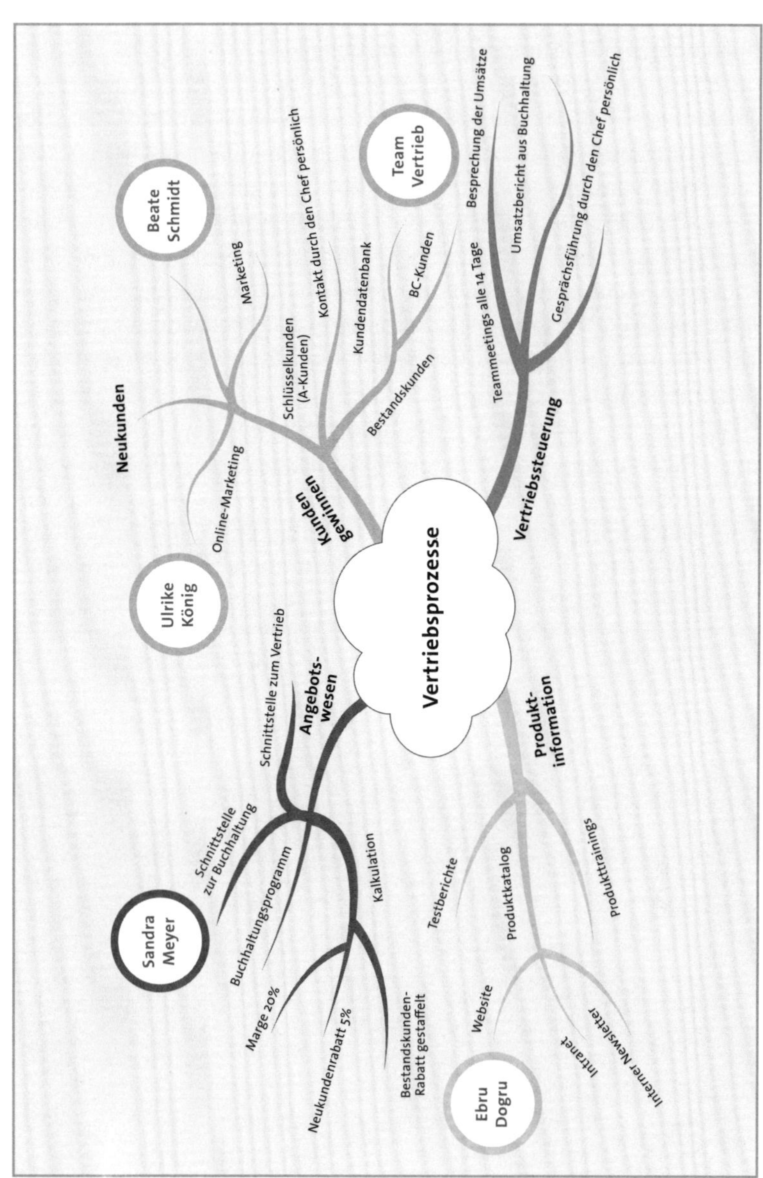

Abbildung 13: Beispiel einer Wissenskarte

Übergabegespräche, Interviews, Storytelling: Die Macht der Geschichten

Übergabegespräche und Interviews werden im Kontext der Unternehmensnachfolge vor allem auf verbaler Ebene zwischen dem Nachfolger und dem Unternehmensinhaber geführt. Für diese Methode ist es empfehlenswert, ein klares Thema zu definieren, über das der Nachfolger und der Unternehmensinhaber in einem abgestimmten Zeitraum sprechen. Während Übergabegespräche sich teilweise auch aufgrund der Aktualität und Relevanz bestimmter Themen situativ ergeben können, haben Interviews einen klaren Zeit- und Themenrahmen.

Bei einem strukturierten Interview bereitet der Nachfolger einen Fragenkatalog vor. Die dort formulierten Fragen sollen es ihm ermöglichen, einen Sachverhalt oder ein Thema fundiert zu verstehen. Der Senior-Unternehmer beantwortet diese Fragen und gibt dem Nachfolger damit die Informationen, die er benötigt, um künftig im Themenfeld selbstständig und eigenverantwortlich zu agieren. Der Nachfolger macht sich während des Gesprächs Notizen.

Abbildung 14: Interview

Übergabegespräche und Interviews sind dialogorientierte Methoden, die einen effektiven Informationsaustausch ermöglichen, der vor allem implizites Wissen beinhalten kann.

Dieses implizite Wissen ist, wie erwähnt, bei kleinen und mittleren Unternehmen besonders stark ausgeprägt und daher mit Blick auf die Wettbewerbsvorteile des Unternehmens besonders wichtig. Gleichzeitig ist implizites Wissen in der Regel nicht bewusst zugänglich und schwer artikulierbar, sodass es eines besonderen Zugangs hierzu bedarf. Dieser Zugang kann in Form des Storytellings erfolgen. Das Storytelling ist dabei als besondere Gesprächsform zu sehen und als Jahrtausende alte Tradition tief im menschlichen Gehirn als Form der Weitergabe von Wissen verankert. Seit Generationen nutzen wir Geschichten (Storys), um anderen Menschen unsere Erfahrungen, Eindrücke und Erkenntnisse weiterzugeben. Wir betten dabei sachliche Informationen in narrative Kontexte ein, die Situationen, Begegnungen oder auch besondere Umstände beschreiben können. Das hilft uns daher auch selbst, um uns an bestimmte Situationen und Erfahrungen zu erinnern. Weiter fügen wir der rein sachlichen Ebene auch emotionale Komponenten hinzu, die für den Zuhörer intuitiv erfassbar und nachempfindbar sind. Zur Wissensvermittlung im Rahmen der Unternehmensnachfolge kann es daher sehr hilfreich sein, im Dialog zwischen Nachfolger und übergebenden Unternehmer die rein sachliche Ebene zu verlassen und den Senior-Unternehmer seine Erfahrungen anhand seiner Geschichte erzählen zu lassen.

Aktivierende Fragestellungen in diese Richtung können beispielsweise lauten:

»Bitte erzählen Sie mir, wie es damals war, als Sie Problem X gelöst haben.«

»Welche Situation ist Ihnen besonders in Erinnerung geblieben, durch die Sie eine so gute Beziehung zum Kunden Y aufbauen konnten?«

Unterstützende Hilfsmittel für die Interviewformen können Whiteboards, Flipcharts oder auch Zeichenpapier sein. Diese Artikel sind besonders dann hilfreich, wenn spontane Einfälle, kreative Assoziationen oder Ideen bildhaft dargestellt werden sollen. Die angefertigten Zeichnungen können dann wiederum auch mit einem mobilen Endgerät fotografiert und für eine Fotodokumentation verwendet werden.

Tandems und Mentoring

Sowohl bei der Bildung von Tandems als auch beim Mentoring steht der direkte und persönliche Austausch von Erfahrungen zwischen zwei Menschen im Fokus. Übertragen auf den Prozess der Unternehmensübergabe begleitet der Nachfolger den Unternehmensinhaber über einen definierten Zeitraum bei der Ausübung seiner Tätigkeit. Dabei lernt er Abläufe, Vorgehens- und Handlungsweisen kennen und eignet sich relevantes Wissen im Kontext der betrieblichen Leistungserstellung an. Dabei kann er jederzeit Fragen stellen und sich damit aktiv mit den Inhalten auseinandersetzen. Beim Tandem nimmt der Nachfolger eher eine passive, beobachtende Rolle ein. Er begleitet den Senior-Unternehmer in seinem Alltag und bei der Bewältigung der unterschiedlichen Aufgaben. Das Tandem ist durchaus vergleichbar mit der Phase der Sozialisation im SECI-Modell der Wissensspirale nach Nonaka und Takeuchi.

Die hauptsächliche Aktivität und Verantwortung liegt hier noch beim derzeitigen Unternehmensinhaber. Er trifft Entscheidungen und ist primärer Ansprechpartner für Kunden, Lieferanten und Mitarbeiter. Gleichwohl können je nach Absprache auch bereits in dieser Phase bestimmte Aufgaben vom Nachfolger übernommen oder auch sukzessive übertragen werden. Beim Mentoring hingegen werden die Rollen getauscht: Der Nachfolger (als Mentee) trägt mehr Verantwortung und ist der aktive Part. Er wird jedoch durch den Senior-Unternehmer (als Mentor) begleitet, der ihm mit seinem Erfahrungsschatz zur Seite steht oder noch bestimmte Aufgaben übernimmt.

Abbildung 15: Mentoring

Tandems und Mentoring bieten die Möglichkeit zur aktiven Zusammenarbeit und der persönlichen Weitergabe von Wissen und Erfahrungen. Sie sind geeignet, um vor allem implizites Wissen weiterzugeben und bilden entwicklungsgeschichtlich die älteste Form des sozialen Lernens. Zu empfehlen ist, ausreichend Zeit für die gemeinsame Zusammenarbeit einzuplanen und Spielregeln sowie Kompetenzen und Entscheidungsbefugnisse vorab klar zu definieren. Dies schafft auch Orientierung bei Mitarbeitern, Kunden und Lieferanten.

Debriefing/Wissensstafette

Das Debriefing bzw. die Wissensstafette ist ein strukturiertes, mehrstufiges Verfahren, bei dem unterschiedliche Methoden zur Anwendung kommen, die den Prozess des Wissenstransfers unterstützen sollen. Der Debriefing-Prozess wird in der Regel durch einen externen Debriefing-Moderator sowie gegebenenfalls einen weiteren externen Protokollanten begleitet und teilt sich in vier Schritte:

1. Vorgespräch mit Klärung der Rahmenbedingungen und des zeitlichen Ablaufs
   Im Vorgespräch wird die Methode des Debriefings erklärt und die Rollenverteilung der Beteiligten festgelegt. Auch der zeitliche Rahmen wird definiert und ein terminlicher Plan erstellt, wann die einzelnen Debriefing-Schritte durchgeführt werden sollen.

2. Durchführung
   In einem oder meistens auch mehreren teilstrukturierten Interviews stellt der Moderator dem Senior-Unternehmer gezielte Fragen zu den relevanten Wissensinhalten. Hierbei werden neben sachlichen Fragestellungen auch Elemente des Storytellings verwendet, indem der Senior-Unternehmer seine Erlebnisse im Rahmen einer Geschichte erzählt. Der Moderator macht sich währenddessen Notizen und kann durch einen Protokollanten begleitet werden, der die Gesprächsinhalte ebenfalls schriftlich festhält.

   Der Moderator wendet bei der Durchführung in der Regel verschiedene Fragetechniken an, die zum Informations- und Erkenntnisgewinn beitragen. Dabei kommen auch Elemente aus dem Storytelling zum Einsatz.

   Die Fragen zu den wichtigsten Kontakten können beispielsweise lauten:

   - *Wer ist Ihr wichtigster Ansprechpartner bei …?*
   - *Was würde er über Sie oder über unser Unternehmen sagen?*
   - *Worauf sollte Ihr Nachfolger bei dieser Person besonders achten?*

   Fragen zu Stärken und Schwächen des Unternehmens oder bestimmter Elemente können sein:

   - *Was, glauben Sie, schätzen Ihre Kunden besonders an Ihnen?*

- *Was würden Sie Ihrem Nachfolger in jedem Fall mit auf den Weg geben?*
- *Was, denken Sie, wissen Lieferanten an Ihrem Unternehmen besonders zu schätzen?*
- *Welche Situation ist Ihnen bei einem Kundenkontakt besonders positiv in Erinnerung geblieben?*

Nach möglichen Verbesserungs- und Optimierungspotenzialen lässt sich z.B. wie folgt fragen:

- *Welche Herausforderungen sind in der Vergangenheit aufgetaucht?*
- *Wie wurden diese gelöst?*
- *Was würden Sie heute vielleicht anders machen als zu einem früheren Zeitpunkt?*
- *Auf die Bewältigung welcher Herausforderung sind Sie besonders stolz?*

Diese Fragen bieten sich an, wenn weitere Informationen oder Details zu einem Thema benötigt werden:

- *Können Sie das Thema an einem Beispiel erklären? Was können Sie dazu sagen?*
- *Was gibt es noch zu dem Thema zu wissen?*

3. Darstellung der Ergebnisse
   Die dokumentierten Inhalte des Interviews werden durch den Moderator und dem Protokollanten zusammengetragen. Anschließend wird daraus eine individuelle Wissenskarte erstellt, die diese Inhalte in Form einer Mindmap wiedergibt. Diese Darstellungsform erleichtert es dem Nachfolger, die assoziierten Wissensinhalte aufzunehmen, zu verstehen und praktisch anzuwenden.

4. Ableitung eines Maßnahmenplans
   Die erstellte Wissenskarte dient als Grundlage für den Nachfolger, um den weiteren Wissenstransferprozess zu strukturieren und z. B. die noch fehlenden relevanten Wissensinhalte einzuholen.

   Zusätzlich können unterschiedliche Medien zur Dokumentation und Protokollierung der teilstrukturierten Interviews verwendet werden. Hierzu können neben Tonaufnahmen auch Videoaufnahmen gehören. Dadurch werden die Interviews gespeichert und sind für einen längeren Zeitraum verfügbar. Sie können bei Bedarf wieder abgerufen und gegebenenfalls noch notwendige Informationen ergänzt werden.

Das Debriefing bzw. die Wissensstafette ist also ein Verfahren, das durch die Kombination unterschiedlicher Methoden besonders dafür geeignet ist, implizites Wissen transferierbar zu machen.

Die Struktur des Verfahrens, die Durchführung von gegliederten Interviews und die Erstellung der Wissenskarte durch eine neutrale Person können zu einer erhöhten Objektivität in der Informations- und Wissensgewinnung beitragen. Der Einsatz von Medien zur Aufzeichnung der Interviews sichert Wissensinhalte zusätzlich. Eine Grundvoraussetzung für die Anwendung dieser Methode ist jedoch, dass sich der interviewte Unternehmer auch auf das Format einlassen kann. Nicht jeder Mensch fühlt sich in einer Interview-Situation wohl, in der er Fragen von einer meist fremden Person gestellt bekommt. Daher kommt der Fähigkeit des externen Moderators und des Protokollanten, Vertrauen zum Interviewpartner aufzubauen, eine besondere Bedeutung zu. Natürlich müssen die Interviews nicht zwingend von einem externen Moderator durchgeführt werden. Die Rolle des Moderators kann auch intern durch einen Mitarbeiter im Unternehmen besetzt werden. Diese Person sollte jedoch über fundiertes Wissen über Kommunikations- und Interviewtechniken sowie die Zielrichtung und Inhalte von Wissensmanagementmethoden verfügen. Dies soll sicherstellen, dass die richtigen Fragen für den Erkenntnisgewinn und die effektive Erstellung der Wissenskarten gestellt werden. Ob eine interne Per-

Abbildung 16: Debriefing mit Video-Aufzeichnung

son, sprich, ein Mitarbeiter, der KMU-typisch über viele Jahre lang für den Unternehmensinhaber tätig war, von diesem im Rahmen eines Interviews mitunter als vertraulich zu wertende Informationen erfährt, darf durchaus kritisch hinterfragt werden.

Wissensinventar

Das Wissensinventar ist ein Prozesswerkzeug, das vom Autor speziell für den Wissenstransferprozess in der Unternehmensnachfolge entwickelt wurde. Die vollständige Übersicht mit ausfüllbaren Arbeitsmaterialien findet sich in der Anlage.

Das Wissensinventar kombiniert unterschiedliche praktische Anwendungsmethoden aus dem Wissenstransferprozess und soll dadurch zu einer besseren Übersicht und einem effizienten Prozess beitragen. Das Wissensinventar verfolgt dabei das Ziel, Wissensgegenstände, die für die betriebliche Leistungserbringung von einem Großteil der Unternehmen notwendig sind, systematisch zusammenzutragen. Das Wissensinventar umfasst folgende 28 Wissensgegenstände:

- Finanzlage
- Organigramm
- Buchhaltungsprozesse
- Betriebliche Steuerungs- und Controllinginstrumente
- Prozessdokumentationen Leistungserbringung
- Steuern
- Bürgschaften, Garantien für Dritte
- Mietvertrag, räumliche Situation
- Gewerbliche Schutzrechte
- Inventarliste
- Rechtsstreitigkeiten
- Organisationsabläufe
- Waren- und Lagerbestand
- Maschinen und Anlagen
- EDV-Ausstattung
- Kundendaten
- Lieferantendaten
- Vertriebsprozesse
- Marketingprozesse
- Website
- Datenschutz-Grundverordnung
- Krisenmanagement
- Qualitätsmanagement
- Nachhaltigkeitsmanagement
- Personaldaten
- Betriebliche Altersvorsorge
- Handlungsvollmachten
- Arbeitsschutz

Zu diesen 28 Wissensgegenständen werden nun folgende Informationen notiert:

- Wo ist ein bestimmtes Thema gespeichert?
- Wer ist Wissensträger und damit Ansprechpartner für diesbezügliche Fragestellungen?
- Welche Methode soll beim Wissenstransfer angewendet werden?

- Bis wann soll der Transfer abgeschlossen sein?
- Wie ist der Risikowert zu beurteilen?

Die Ergebnisse werden in einem nächsten Schritt in einer Checkliste zusammengetragen, die sich ebenfalls in der Anlage findet. Dadurch erhalten sowohl der übergebende Unternehmensinhaber als auch der Nachfolger einen schnellen Überblick über besonders risikobehaftete Wissensgegenstände und können diese im Wissenstransferprozess priorisieren.

Wissens-gegenstand / Lfd. Nr. 1	Finanzlage: Bilanzen, Jahresabschlüsse, Betriebswirtschaftliche Auswertungen (BWA)				
Ort (Wo finde ich den Wissensgegenstand?)	**Wissensträger** (Wer kann für den Wissensgegenstand angesprochen werden?)	**Transfermethode** (Wie soll das Wissen übertragen werden?)		**Risikobewertung** Negative Auswirkung bei Wissensverlust (1 bis 5)	**5**
Buchhaltungsunterlagen sind digital auf dem Laufwerk H:/Buchhaltung abgelegt *Physische Dokumente finden sich in den Schränken der Buchhaltung oder im Archiv, wenn sie älter sind*	*Esther Behrend* *Olaf Schulze*	*Flussdiagramm* *Dokumentation*		Wahrscheinlichkeit des Wissensverlusts durch Nachfolgeprozesse (1 bis 5)	**4**
		Terminierung (Bis wann soll das Wissen übertragen sein?)	31.12.20XX	**Risikowert** (Negative Auswirkung x Wissensverlust)	**20**

Abbildung 17: Beispiel einer ausgefüllten Wissensinventar-Karte für die Buchhaltung, eigene Darstellung

Wissenstransferplan

Für die aktive Durchführung der unterschiedlichen Methoden des Wissenstransfers ist ausreichend Zeit einzuplanen. Wie viel Zeit das konkret ist, hängt von der gewählten Methode, der Komplexität der zu übertragenden Inhalte sowie bereits vorhandenen expliziten Wissens – wie z. B. Dokumentationen und Prozessbeschreibungen – ab. Während beispielsweise Flussdiagramme vergleichsweise schnell angefertigt werden können, ist die Durchführung eines Mentorings oder einer Wissensstafette mit höherem Aufwand verbunden. Das verwundert nicht, schließlich steht bei diesen Formaten der zwischenmenschliche Austausch im Vordergrund.

Aufgrund des zeitlichen Umfangs ist es empfehlenswert, für die konkrete Durchführung des Transfers der Wissensinhalte feste Termine zu vereinbaren. Hierfür bietet sich die Erstellung eines Transferplans an. Dieser legt tabellarisch das Datum, die Uhrzeit, den Ort, den benötigten anwesenden Wissensträger, den zu übertragenden Wissensinhalt und die Methode fest.

Datum	Uhrzeit / Dauer	Ort	Wissensträger	Wissensinhalt	Methode
01.10.20XX	10 Uhr bis 14 Uhr	Büro Steinstraße 14	Eren Dagdelen	Buchhaltungsprozesse	Interview, Wissenskarte
01.10.20XX	15 Uhr bis 18 Uhr	Büro Steinstraße 14	Violetta Johannsen	Online-Marketing, Content-Management, Websitepflege	Interview, Wissenskarte
02.10.20XX	10 Uhr bis 14 Uhr	Produktionshalle Steinstraße 14a	Dirk Böttcher	Produktionsprozesse, CNC-Fräsen	Interview, Wissenskarte, Fotodokumentation
02.10.20XX	15 Uhr bis 18 Uhr	Produktionshalle Steinstraße 14a	Mike Richter	Drehbänke, weitere Maschinen	Interview, Wissenskarte, Fotodokumentation

Abbildung 18: Beispiel Wissenstransferplan

Der Transferplan sollte nach der Erstellung zeitnah allen beteiligten Wissensträgern zur Verfügung gestellt werden. Müssen externe Stakeholder, wie z. B. die Softwareanbieter von neu einzuführenden Anwendungsprogrammen, involviert werden, so sind auch diese vorab zu informieren. Da der Faktor Zeit mitentscheidend ist, gilt es, ausreichend davon für den Prozess einzuplanen. Das kann auch bedeuten, dass unter Umständen bestimmte Arbeitsvorgänge und Aufgaben warten müssen. Auch wenn dies vermutlich bei einigen Unternehmern Zähneknirschen verursacht: Die Zeit, die für den Wissenstransferprozess bereitgestellt wird, ist gut investiert.

Diese Unternehmer können dann bereits Vorbereitungen entsprechend der thematisch zu vermittelnden Wissensinhalte treffen sowie gegebenenfalls benötigte Ressourcen für die gewählte Methode bereitstellen. So wird für eine Fotodokumentation beispielsweise eine Kamera sowie ein entsprechendes Anwendungsprogramm benötigt, um die Aufnahmen beschriften zu können. Für ein Interview ist es auch gut, ein Whiteboard, Flipchart oder Zeichenpapier bereit zu halten, damit auch kreative Impulse aufgenommen und bildhaft dargestellt werden können.

Zusammenfassend lauten die inhaltlichen Fragestellungen in der Phase des Wissenstransfers also:

- Mit welcher Methode soll das identifizierte und bewertete Wissen übertragen werden?
- Welcher Zeitplan wird für den Transferprozess aufgesetzt?
- Welche Stakeholder und Wissensträger sind zu informieren und welche Ressourcen sind bereitzustellen?

Integration – die vierte Stufe

Nach dem erfolgten Wissenstransfer folgt die 4. Phase: die Integration. In dieser gilt es, die übertragenen Wissensinhalte nachhaltig im Unternehmen zu verankern und nutzbar zu machen. Dies kann für viele kleine und mittlere Unternehmen der erste Schritt in ein organisatorisches Wissensmanagement sein, wie später noch deutlich wird.

Die Integration des Wissens verfolgt dabei drei Ziele: Zunächst gilt es, den richtigen Mitarbeitern Zugriff auf das richtige Wissen zukommen zu lassen. Zweitens soll die neue Wissensbasis im Unternehmen gesichert werden. Das dritte Ziel der Integrationsphase ist die Organisation des Wissens. All diese Ziele sollen nicht nur dazu beitragen, das transferierte Wissen erfolgreich ins Unternehmen einzufügen: Durch die Integration des Wissens wird auch eine neue Wissensbasis geschaffen, durch die wiederum neues Wissen entstehen kann, das Innovationen und kreative Ansätze begünstigt.

So gesehen ist die vierte Stufe des Wissenstransfers gleichzeitig das Ende des Transformationsprozesses und der Neuanfang eines betrieblichen Wissensmanagements.

Wissen teilen und verteilen

Eine Verteilung von Wissen findet in der Regel auf die im Unternehmen beschäftigten Mitarbeiter statt. Sie folgt der Gesamtstrategie des Nachfolgers und der künftigen strategischen Ausrichtung des Unternehmens. Werden im Rahmen des Nachfolgeprozesses Änderungen in der Aufbau- und Ablauforganisation des Unternehmens vorgenommen, gilt es, die beteiligten Mitarbeiter mit dem Wissen auszustatten, das sie für die Erfüllung ihrer Aufgabe und zur Erbringung der Unternehmensleistung benötigen. Dies kann auch das Erlernen der Bedienung einer neuen Software oder Maschine sein.

Ein vorab erstelltes Wissensträgerverzeichnis gibt Informationen zu den bisherigen Fach- und Aufgabengebieten, Expertisen und Wissensschwerpunkten der Mitarbeiter. Das Wissensträgerverzeichnis kann als Grundlage für die Entscheidung genommen werden, welcher Mitarbeiter mit welchem neu gehobenen Wissen ausgestattet werden muss.

Dies stellt für Mitarbeiter einen Lernprozess dar, der zum einen mit entsprechender Wertschätzung kommuniziert werden und dem darüber hinaus ausreichend Raum und Zeit zugestanden werden sollte. Hierbei gilt es, auch Rücksicht auf das individuelle Lerntempo und die individuellen Voraussetzungen zu nehmen, die die Mitarbeiter mitbringen.

Wissen sichern mit Mikroartikeln

Nachdem die Wissensinhalte durch die Anwendung von unterschiedlichen Methoden übertragen wurden, sollen diese nun auch dauerhaft im Unternehmen verfügbar gemacht werden. Hierfür ist neben einer regelmäßigen Dokumentation von Wissensinhalten auch deren strukturierte Bereitstellung zu gewährleisten. Methodisch hat sich für die Dokumentation das Anlegen von Mikroartikeln bewährt.

Ein Mikroartikel ist eine schriftliche Beschreibung einer Lernerfahrung. In der Regel wird hierfür ein vorgefertigtes Formular mit einer spezifischen Gliederung zur Verfügung gestellt, das der Anwender ausfüllt. Die Lernerfahrung sollte strukturiert und mit wenigen einfachen Sätzen beschrieben werden. Sie kann physisch über eine Dokumentenvorlage aus Papier oder elektronisch in Form einer Dateivorlage zur Verfügung gestellt werden. Inhaltlich kann eine Lernerfahrung eine Herausforderung sein, der man im Arbeitsalltag begegnet ist oder eine bestimmte Problemstellung, die gelöst oder auch noch nicht gelöst wurde. Der Mikroartikel verfolgt damit den Ansatz, implizites Wissen (die Lernerfahrung) in einem kurzen Zeitraum in explizites Wissen (den Artikel) zu übertragen und damit auch anderen verfügbar zu machen. Die Lernerfahrung kann daher auch als Gedächtnisstütze dienen.

Bei der Erstellung wird zunächst das Problem oder die Herausforderung, der der Verfasser im Arbeitsalltag begegnet ist, kurz und prägnant beschrieben. Hier reichen meist zwei bis drei Sätze. Im nächsten Schritt wird die Ausgangssituation notiert. Damit ist die Situation oder der Kontext gemeint, in dem die Herausforderung auftrat. Hier können beispielsweise Zeit und Ort oder auch ein bestimmter Sachverhalt (z. B. »Bei der Bedienung der Maschine …« oder »Bei der Prüfung von …«) aufgeführt werden. Der dritte Schritt ist die Formulierung der Lösung, die am besten auch wieder in zwei bis drei Sätzen erfolgt. Diese folgt der Fragestellung, wie die Herausforderung gelöst wurde oder welche Ansätze es gibt. Optional können dann noch weitere Informationen notiert werden, die ergänzende Inhalte beisteuern. Hier können beispielsweise Querverweise auf weitere Dokumente, Ordner oder Wissensträger vermerkt werden. Abschließend vermerkt der Verfasser seinen Namen und kann bestimmte Suchbegriffe bzw. Schlagworte angeben, die das spätere Auffinden der Mikroartikel erleichtern. Genau diese Auffindbarkeit ist wichtig, damit das gewonnene und in den Mikroartikeln kodierte Wissen auch für andere Mitarbeiter zugänglich ist. Werden die Mikroartikel in Papierform erstellt, sollten hierfür entsprechende Ordner oder Ablagemöglichkeiten geschaffen werden, in denen die Artikel nach einer bestimmten Logik abgeheftet werden. Diese Logik kann dabei alphabetisch, alphanumerisch, nach Datum oder nach Querverweisen geschehen. Werden Mikroartikel auf elektronischem Wege erstellt, so ist hierfür ebenfalls eine für alle Mitarbeiter zugängliche Ablagemöglichkeit, z. B. auf einem allgemein zugänglichen Laufwerk oder Ordner, bereitzustellen. Damit die Artikel auch hier schnell wiedergefunden werden können, hilft es, entweder die Dateinamen zu normieren oder für bestimmte Themengebiete Unterordner einzurichten.

BEISPIEL	**Akku von Bohrmaschine KW-17 entladen**
Datum	16.07.2022
Problem / Herausforderung ▶ Bitte kurz und prägnant beschreiben	*Die Akku-Bohrmaschine KW-17 funktionierte nicht.*
Ausgangssituation ▶ Wie und wann trat das Problem auf?	*Heute Morgen sollten auf der Baustelle Wagnerstraße 15 mehrere Löcher gebohrt werden. Direkt nach dem Auspacken des Werkzeugs stellte ich fest, dass die Akku-Bohrmaschine KW-17 nicht funktionierte. Es musste Netzstrom vom Nachbargrundstück organisiert werden.*
Lösung ▶ Wie wurde die Herausforderung gelöst? ▶ Welche Ansätze gibt es?	*Die Bohrmaschine wurde mit Netzstrom betrieben.* *Der Akku der Bohrmaschine hält je nach Gebrauch zwischen vier und sechs Stunden. Nach dieser Zeit müssen die Akkus wieder aufgeladen werden. Daher sollten alle Akkus am Ende des Arbeitstags in die Ladestation gesteckt werden, damit sie am nächsten Morgen geladen sind.*
Weitere Informationen ▶ Was gibt es noch zu beachten? ▶ Wo finden sich noch ergänzende Informationen?	*Die Ladestationen befinden sich im Materiallager im Regal E-11.*
Verfasser ▶ Vorname, Name	*Klaus Schnellbrink*
Suchbegriffe ▶ Unter welchen Stichwörtern soll der Artikel zu finden sein?	*Bohrmaschine, Akku, Ladestation*

Abbildung 19: Beispiel Mikroartikel

Mikroartikel sind nur eine von mannigfaltigen Methoden, um Wissen im Unternehmen zu sichern.

Weitere Ansätze und Methoden wurden bereits im Rahmen des Transferprozesses vorgestellt. Zu ihnen gehören beispielsweise die Fotodokumentation, die Erstellung von Flussdiagrammen oder auch das Anlegen von Wissenskarten.

Wissen organisieren – am besten digital

Die regelmäßige Anlage von Mikroartikeln und die Nutzung der vorgestellten Dokumentationsarten ist ein guter Ansatz, um Wissensinhalte im Unternehmen nachhaltig und allgemein für alle Mitarbeiter nutzbar zu machen. Ein folgerichtiger Schritt ist die anschließende Organisation dieser Wissensinhalte. Damit dies möglichst effizient geschieht, ist es empfehlenswert, Wissen möglichst auf elektronischem Weg zu speichern. Je nach technischer Ausstattung des Betriebs sowie der bevorzugten Hard- und Software bieten sich hierfür unterschiedliche Möglichkeiten. Manche Unternehmen bevorzugen moderne Cloud-Lösungen, bei denen Dateien und Dokumente nicht oder nicht nur auf lokalen Festplatten und Datenträgern gespeichert sind, sondern über das Internet auf einem externen, meist weiter entfernt stehenden Server. Diese Dateien können dann prinzipiell zu jeder Zeit, von jedem Ort mit unterschiedlichen Endgeräten, die über einen Internetzugang verfügen, abgerufen werden. Hierzu gehören Laptops, PCs oder auch mobile Endgeräte wie Smartphones oder Tablets.

Weiterhin bieten die meisten Cloud-Lösungen auch die Möglichkeit, Dateien zu teilen und sie von mehreren Anwendern bearbeiten zu lassen. Kommerzielle Cloud-Anbieter bieten bereits diverse einfache Fertiglösungen an, wenn das Unternehmen nicht selbst über die Hard- und Software einen eigenen Cloudspeicher einrichten kann oder möchte. Doch auch wenn Daten auf lokalen Speichermedien hinterlegt werden, hilft eine gute Strukturierung dabei, die deponierten Dateien schnell zu finden. Dabei sind die Strukturierungsmöglichkeiten und Logiken vielfältig. Eine einfache Struktur kann beispielsweise anhand des Themas oder auch der betroffenen Abteilung im Unternehmen vorgenommen werden.

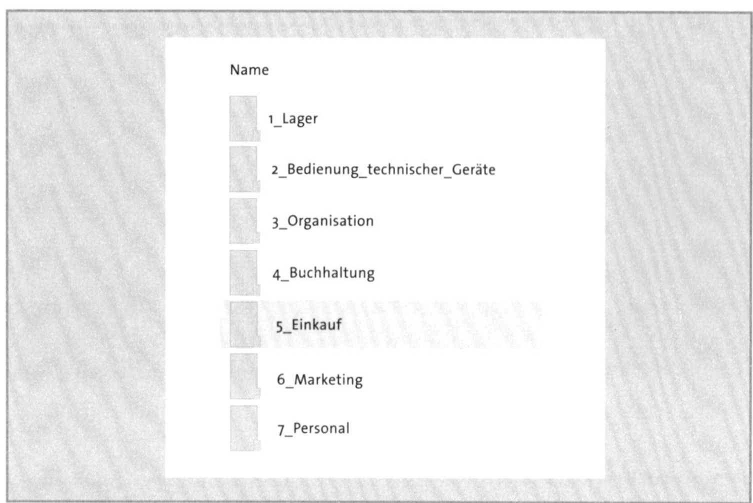

Abbildung 20: Beispiel einer einfachen Ordnerstruktur

Interne Informationsdatenbanken und Wikis

Ein Intranet ist ein unternehmensinternes IT-Netzwerk, durch das Mitarbeiter abteilungs- und standortübergreifend miteinander arbeiten können. Als interne Plattform kann damit auch bereichsübergreifend kommuniziert werden. Es bietet jedoch auch die Möglichkeit, organisatorische Prozesse zu dokumentieren und zu veröffentlichen. Durch die Kombination der Funktionen entsteht eine zentrale Unternehmens-Informationsdatenbank, die den Wissenstransfer, die Kollaboration und die Kommunikation fördert.

Ein Wiki beschreibt dabei eine Seite in einem Intranet, die der Speicherung und Darstellung von Wissensinhalten dient. Das Besondere an einem Wiki ist jedoch, dass dort jeder Mitarbeiter Inhalte hinzufügen und Artikel anpassen darf. Es stellt damit eine »Mitmach-Informationsdatenbank« dar, die die gemeinschaftliche Sammlung von Erfahrungen und Wissen zum Ziel hat. Die im Wiki eingestellten Artikel sind dann über eine Stichwortsuche auffindbar. In einem Wiki kann also prinzipiell jeder Mitarbeiter Artikel und Informationen anlegen, bearbeiten und anpassen. Dadurch stellt es auch eine gute Möglichkeit dar, um Mikroartikel zu organisieren. Zusammenfassend lauten die inhaltlichen Fragestellungen in der Phase der Integration also:

- Wie kann das transferierte Wissen nachhaltig im Unternehmen gespeichert werden?
- Wie kommt das Wissen an die richtigen Stellen? Wer muss was wissen?

Wissensmanagement als Qualitätsnorm in der DIN EN ISO 9001 2015

Durch eine ISO-Zertifizierung können Unternehmen nachweisen, dass sie bestimmte Normen für Managementsysteme einhalten. In diesen Normen wird beispielsweise beschrieben, welche Anforderungen ein Qualitätsmanagement erfüllen muss, um einem definierten Standard zu entsprechen. Die Einhaltung dieser Standards durch den Nachweis entsprechender Zertifikate ist für manche Unternehmen Voraussetzung, um mit anderen Unternehmen geschäftlich zusammenarbeiten zu können.

Nach einer Novellierung im Jahr 2015 weist die Deutsche Qualitätsnorm DIN EN ISO 9001:2015 im Abschnitt 7.1.6 bestimmte Anforderungen an ein Wissensmanagement auf, die als »Wissen in der Organisation« beschrieben werden. Dieses gilt es:

a) zu bestimmen, d. h. zu identifizieren,
b) aufrechtzuerhalten, d. h. stets zu aktualisieren,
c) im erforderlichen Umfang zur Verfügung zu stellen, d. h. dort zur Verfügung zu stellen, wo es benötigt wird,
d) im Rahmen von Zusatzwissen oder Aktualisierungen zu erweitern.

Im Anhang der Norm werden zur Herkunft des Wissens zwei ergänzende Quellen beschrieben: interne Quellen (eigenes Wissen und Erfahrungen) und externe Quellen (Wissenserwerb). So finden sich dort im Abschnitt A7 noch ergänzende Hinweise, die aufzeigen, weshalb dem Wissensmanagement eine wichtige Rolle zukommt. Dort wird angeführt, dass Produkte und Dienstleistungen beispielsweise nicht im beabsichtigten Maße realisiert werden können, wenn durch Mitarbeiterfluktuation oder Informationsfehler das hierfür notwendige Wissen nicht vorhanden ist. Gleichzeitig werden in dem Abschnitt aber auch Vorteile aufgezeigt, die dem Unternehmen durch Wissensmanagement entstehen können. So kann der Erwerb neuen Wissens Unternehmen leistungsfähiger machen und dadurch gegenüber dem Wettbewerb stärken.

3.10. Zusammenfassung: Wissen ist ein essenzieller Wettbewerbsfaktor für KMU

»Wissen ist Macht«, sagt der Volksmund. Auch für kleine und mittlere Unternehmen ist Wissen ein weicher, aber essenzieller Wettbewerbsfaktor. Die Wissensbasis sichert kleinen und mittleren Unternehmen Vorteile gegenüber der Konkurrenz am Markt und stellt zugleich ein großes Optimierungspotenzial dar.

Über den größten Wissensschatz bzgl. Produkten, Dienstleistungen und Prozessen im Unternehmen verfügt in der Regel der Unternehmensinhaber. Oftmals sind Kompetenzen und Entscheidungsbefugnisse bei ihm gebündelt. Durch den Prozess der Unternehmensnachfolge droht dieses Wissen mit der Person des derzeitigen Inhabers das Unternehmen zu verlassen. Hinzu kommt, dass dieses Wissen oft nur in impliziter Form und nicht explizit dokumentiert, vorhanden ist, d.h. durch internalisierte Handlungen, Gewohnheiten und im Kopf des Inhabers gespeichert. Deshalb ist ein strukturierter Wissenstransferprozess, der implizites Wissen durch die Anwendung unterschiedlicher Methoden verfügbar macht, eine Grundvoraussetzung für die Aufrechterhaltung des weiteren Geschäftserfolgs des Unternehmens. Dies gilt auch für das vorhandene Wissen bei Mitarbeitern, vor allem, wenn sie langjährige Zugehörigkeit zum Unternehmen verzeichnen. Der Wissenstransferprozess sichert dabei nicht nur das vorhandene Wissen im Unternehmen, sondern bietet gleichzeitig auch die Gelegenheit für die Implementierung neuen Wissens und von Lernerfahrungen, die weitere Wettbewerbsvorteile generieren können.

Teil C

Unternehmens-kultur und Change

4. Die Unternehmenskultur: Mehr als nur Betriebsklima

»Der wahre Wettbewerbsvorteil in jedem Unternehmen ist ein einziges Wort, nämlich ›Menschen‹.«
Kamil Toume, Schriftsteller

Falls Sie sich nun fragen, was die Unternehmenskultur mit dem Themenfeld der Nachfolge zu tun hat, darf ich Sie zu einem Gedankenexperiment einladen: Stellen Sie sich doch einmal vor, Sie möchten mit Ihren besten Freunden, die Sie seit vielen Monaten nicht gesehen haben, abends essen gehen, um ihr Wiedersehen gebührend zu feiern. Nach kurzer Beratung darüber, nach welcher kulinarischen Richtung ihnen heute der Sinn steht, fällt ihre Wahl auf ein italienisches Restaurant, das in der Stadt als echter Tipp gilt. Die Pasta dort soll nach einem traditionellen und geheimen Familienrezept zubereitet werden und eine wahre Gaumenfreude sein. Und tatsächlich: Sowohl Sie als auch Ihre Freunde sind von dem Speisenangebot geschmacklich überzeugt. Alle sind sich einig: Die servierten Gerichte sind wahrlich ein Genuss und die gute Weinkarte rundet das Angebot zusätzlich ab. Der Abend könnte damit nahezu perfekt sein, doch irgendetwas stört das ansonsten runde Bild. Haben Sie nicht vorhin mitbekommen, wie der Kellner bei der Aufnahme der Bestellung bei einem falsch ausgesprochenen Wort leicht die Augen verdreht hat? Hat sich nicht das Thekenpersonal eben bei der Vorbereitung der Getränke genervte Äußerungen zugesprochen? Und war nicht aus der Küche zu hören, wie der Koch seinen Beikoch mit eindringlicher Stimme zurechtgewiesen hat? Und war nicht klar zu spüren, dass der Kellner bei der Klärung der

Frage, wer welchen Teil der Rechnung übernimmt, sichtlich genervt war? Am Ende sind Sie und Ihre Freunde sich einig: Das Essen war top, die Atmosphäre eher nicht. Ob Sie beim nächsten Treffen mit Ihren Freunden das Restaurant noch einmal aufsuchen oder sich für eine andere Location entscheiden, bleibt also abzuwarten.

Sie sehen schon: Auch wenn die Speisen (das Produkt, die Ware) selbst erstklassig waren, gab es einen Punkt, der das Gesamterlebnis negativ beeinflusst hat: das Verhalten der Mitarbeiter untereinander und gegenüber Ihnen als Gästen. Dieses Verhalten ist Ausdruck der Unternehmenskultur (auch wenn natürlich jeder mal einen schlechten Tag haben kann) und beeinflusst die Wahrnehmung und Kaufentscheidungen von Kunden unmittelbar.

4.1. Die Unternehmenskultur als Wettbewerbsfaktor

Natürlich lässt sich das genannte Beispiel nicht beliebig generalisieren. So mag es durchaus Kunden geben, die für begehrte Produkte oder feine Speisen auch eine unfreundliche Behandlung oder eine raue Atmosphäre in Kauf nehmen. Doch derartig stark nachgefragte Produkte bilden, bei ehrlicher Selbstanalyse, im Mittelstand insgesamt eher die Ausnahme als die Regel. Vor allem, da Produkte zunehmend vergleichbar werden und Kunden auch immer mehr Möglichkeiten des Vergleichs haben und nutzen. Umgekehrt gilt Ähnliches: Auch ein geringwertiges Produkt kann durch einen hervorragenden Service nicht zwingend besser verkauft werden. Beide Faktoren bedingen sich vielmehr gegenseitig.

Unstrittig ist jedoch: Die Unternehmenskultur beeinflusst den Geschäftserfolg, indem sie sich auf die Wahrnehmung und das Verhalten von Kunden auswirkt. Und damit wiederum auch auf die Erlöse, die von dem Unternehmen erzielt werden können. Darüber hinaus beeinflusst die Kultur in einem Unternehmen nicht nur die Beziehung zu Kunden, sondern auch den Mitarbeitern. In fast allen verfügbaren Statistiken zu den Kündigungsgründen, die Arbeitnehmer für einen Jobwechsel angeben, rangiert die Unternehmenskultur auf den obersten Plätzen, oft gleichauf mit einem höheren Verdienst und dem fehlenden Ausgleich von Überstunden. Eine Studie der Unternehmensberatungsgesellschaft Hays zeigt beispielsweise, dass 47 % der befragten Mitarbeiter angeben, dass sie ihren Job aufgrund der Unternehmenskultur wechseln würden.[11]

Auch eine viel beachtete Untersuchung der MIT Sloan School for Management unter der Leitung von Professor Donald Sull, Charlie Sull und Ben Zweig aus New York kommt zu dem Schluss, dass eine sogenannte »toxische Unternehmenskultur« unabhängig von der Branche, in der ein Unternehmen agiert, ein elementarer Treiber von Kündigungen ist. Und zwar sowohl von Führungskräften als auch von Fachkräften. Hinter dem Begriff der »toxischen Unternehmenskultur« verbergen sich Merkmale wie Vereinbarungen, die zwischen Führungskräften und Mitarbeitern getroffen und nicht eingehalten werden, geringe Erholungsphasen und vor allem eine unzureichende Kommunikation mit den Mitarbeitern.[12] Die dadurch entstehende Fluktuation kostet viel Geld und beeinträchtigt die Leistungsfähigkeit eines Unternehmens stark. Rekrutierungsmaßnahmen zur Personalgewinnung, gleich welcher Art, sind (nicht nur) in Zeiten des Fachkräftemangels ein erheblicher Kostenfaktor und binden gerade in kleinen und mittleren Unternehmen, in denen die Mitarbeitergewinnung oft noch Chefsache ist, zeitliche Ressourcen. Und das auch bei guter Auftragslage. Nicht umsonst betitelt das Handwerksblatt einen Artikel treffend mit »Fachkräftemangel killt Umsatz und Wachstum«[13] und stellt dabei fest, dass gerade in mittelständischen Handwerksbetrieben die Auftragsbücher zwar voll sind, es jedoch an geeignetem Personal fehlt, diese abzuarbeiten. Auch die Einarbeitung und das Anlernen neuer Mitarbeiter bindet Ressourcen. Ein neuer Mitarbeiter, der erst wenige Tage im Unternehmen ist und Abläufe, Vorgehensweisen, Prozesse und Handlungswege erst kennenlernen muss, kann in dieser Anlernphase darüber hinaus nicht so produktiv sein wie ein erfahrener. Weiter kann sich die Unternehmenskultur auch als Kostenfaktor erweisen, wenn daraus hohe Krankenstände oder Leistungsdefizite resultieren. In diesen Fällen stehen die Personalkosten, die durch die Beschäftigung von Mitarbeitern entstehen, in einem negativen

Verhältnis zu den produktiven Erträgen, die durch die Arbeitsleistung der Mitarbeiter erwirtschaftet werden können.

Umgekehrt gilt im positiven Sinne: Durch ein gutes Betriebsklima (als Synonym für eine positive Unternehmenskultur) legen motivierte Mitarbeiter nicht nur eine höhere Bereitschaft zur Bewältigung ihrer Aufgaben an den Tag, sie bringen auch mehr Leistung und darüber hinaus neue Ideen und Verbesserungsvorschläge ein. Dadurch können sie nicht nur die Effizienz steigern, sondern schaffen auch Impulse, durch die Innovationen, neue Produkte oder Services entstehen, die das Unternehmen am Markt umsetzen kann. Das ist umso wichtiger, als die meisten kleinen und mittleren Unternehmen in Märkten aktiv sind, in denen Produkte und Dienstleistungen vergleichbar sind. Motivierte Mitarbeiter unterstützen sich gegenseitig und geben ihr Wissen an Kollegen weiter. Das kann Einarbeitungszeiten und den Kostenaufwand für Schulungen reduzieren und trägt zum Wohlbefinden bei. Ein gutes Betriebsklima wirkt sich darüber hinaus auf die Fluktuation aus und kann Kündigungen von wichtigen Leistungsträgern im Unternehmen, wie den bereits angesprochenen »Deep Smarts«, vorbeugen. Eine gute Kommunikationskultur, die ebenfalls ein Merkmal eines positiven Betriebsklimas ist, trägt darüber hinaus dazu bei, dass Mitarbeiter bestimmte Themen und Fragen eher auf dem »kurzen Dienstweg« klären als über mögliche offizielle Kanäle. Dadurch nimmt auch die Informationsgeschwindigkeit zu und Entscheidungen können kurzfristig gefällt werden.

Zusammenfassend lässt sich also sagen, dass sich die Unternehmenskultur auf drei Arten als Wettbewerbsfaktor darstellt:

1. Als Kostenfaktor hat sie beispielsweise durch eine höhere Kranken- oder Fluktuationsquote und die entsprechenden Auswirkungen unmittelbaren Einfluss auf das betriebswirtschaftliche Ergebnis eines Unternehmens.

2. Als Innovationsmoment trägt sie dazu bei, dass Unternehmen durch das Engagement und die Einbringung von Ideen von Mitarbeitern nicht nur effizientere Prozesse und Strukturen auf-

weisen, sondern auch Produkt- und Serviceangebote am Markt anbieten können.

3. Auch wenn Aufbau- und Ablauforganisation, Prozesse und Systeme im Unternehmen bereits optimiert sind, bietet die Unternehmenskultur damit noch immer die Möglichkeit zur Steigerung der Produktivität.

4.2. Unternehmenskultur – was ist das eigentlich?

Was genau ist eigentlich eine Unternehmens- oder Organisationskultur, was macht sie aus? Diese vermeintlich einfachen Fragen sind nicht in einem Satz zu beantworten, handelt es sich hierbei doch um ein multidimensionales und interdisziplinäres Phänomen, das Aspekte aus der Soziologie, der Betriebswirtschafts- und der Managementlehre als auch der Psychologie beinhaltet.

Das Gabler Wirtschaftslexikon definiert Unternehmenskultur als »Grundgesamtheit gemeinsamer Werte, Normen und Einstellungen, welche die Entscheidungen, die Handlungen und das Verhalten der Organisationsmitglieder prägen.«[14]

»Andere Länder – andere Sitten«, lehrt schon der Volksmund. Genau wie es in anderen Regionen der Welt eigene Regeln und Gebräuche, eigene Sprechweisen und Werteverständnisse gibt, die die jeweilige Kultur des Landes ausmachen, gibt es auch in Unternehmen feste Rituale (z. B. Meetings, gemeinsamer Arbeitsbeginn und Feierabend), spezielle Sprachformen (verwendete Fachbegriffe, unternehmensinterne Abkürzungen) und gemeinsam gelebte Werte und Normen (»Wir behandeln unsere Mitarbeiter fair und gehen wertschätzend miteinander um, unsere Kunden sollen sich bei uns wohlfühlen.«). Manchmal wird die Kultur einer Organisation auch als Mikrokosmos beschrieben, der in einem stetigen Austausch mit der Umwelt steht und gleichzeitig eine kollektive Denk- oder Handlungsweise bei Mitarbeitern bewirkt. Um das Phänomen der Unternehmenskultur noch etwas verständlicher zu machen, sollen im

Folgenden drei Modelle vorgestellt werden, die die verschiedenen Dimensionen und Ausprägungen einer Kultur beschreiben: Das Eisbergmodell nach Edward T. Hall, die Kulturebenen nach Edgar Schein und die Kulturdimensionen nach Hofstede.

Das Eisbergmodell nach Edward T. Hall

Das bekannte Eisbergmodell wird zur Darstellung von unterschiedlichen Sachverhalten herangezogen, z. B. zur Theorie der allgemeinen Persönlichkeit von Sigmund Freud, zur Verdeutlichung der zwischenmenschlichen Kommunikation oder auch in der Marktforschung. Unabhängig vom dargestellten Sachverhalt zeigt das Modell auf, dass dieser zwei Teile hat: Einen Teil, der sicht- und wahrnehmbar ist und mit einem Anteil von 20 % am Gesamtbild symbolisch die »Spitze des Eisbergs« bildet, und einen größeren Teil, der sich »unter der Wasseroberfläche« befindet und sich damit einer bewussten Wahrnehmung entzieht. Dieser Teil ist mit einer Größe von 80 % des Gesamtbildes deutlich größer. Die Kernaussage des Modells ist damit: Der größte Teil eines Sachverhalts ist unsichtbar und entzieht sich einer bewussten Wahrnehmung.

Der US-amerikanische Anthropologe Edward T. Hall hat diese Erkenntnis auf den Begriff der Organisationskultur übertragen. In seinem Eisbergmodell zeigt er auf, dass auch hier die sichtbaren Ausprägungen einer Unternehmenskultur nur einen kleinen Teil ausmachen, während der Großteil unsichtbar ist.

Die sichtbaren Faktoren der Unternehmenskultur sind nach Hall:

- Strategien und Ziele,
- Visionen, Regeln und Leitbilder,
- das äußere Erscheinungsbild, z. B. das Firmengebäude oder auch Firmenfahrzeuge, die Dienstkleidung oder das Auftreten der Mitarbeiter,
- der Ruf eines Unternehmens,
- die Unternehmensphilosophie.

Diese Sachebene befindet sich quasi über der Wasseroberfläche und kann von außen, d.h. durch Kunden, Lieferanten oder weitere Stakeholder, wahrgenommen werden.

Das eigentliche Fundament der Unternehmenskultur jedoch befindet sich unter der Wasseroberfläche und ist damit nicht direkt wahrnehmbar. Zu diesen Faktoren zählt Hall:

- die im Unternehmen geteilten Werte und Grundannahmen bzw. Überzeugungen,
- die Beziehungsebene der Mitarbeiter untereinander sowie ihr Vertrauensverhältnis,
- Gefühle und Gedanken, z.B. Ängste,
- Wünsche und Bedürfnisse.

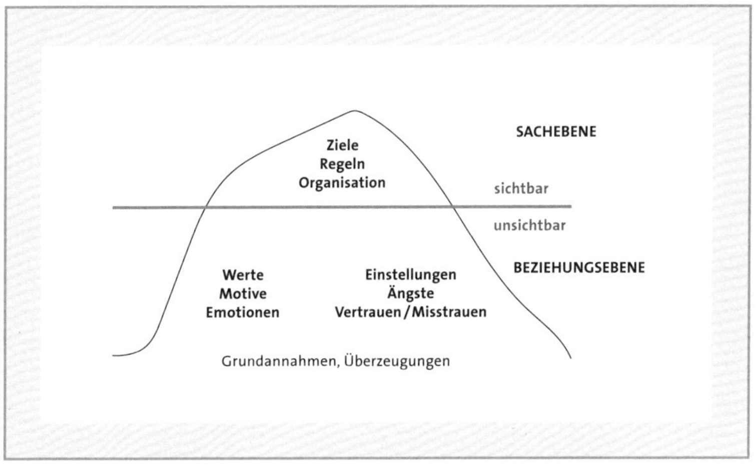

Abbildung 21: Eisbergmodell der Unternehmenskultur nach Hall, eigene Darstellung

Die Kulturebenen nach Schein

Als probater Erklärungsansatz hat sich das Modell der Kulturebenen des US-amerikanischen Sozialwissenschaftlers Edgar Schein etabliert. Schein versteht Kultur als das kollektive Wissen einer

Gruppe, das durch Lernen entstanden ist und zur Lösung von Problemen eingesetzt wird. In seinem Modell unterscheidet Schein drei Ebenen, vergleichbar mit den Schichten einer Zwiebel:

Die oberste Ebene sind die Artefakte. Das sind sicht- und wahrnehmbare Strukturen und Prozesse im Unternehmen, z. B. Kleiderordnungen, Firmenlogos, ein gemeinsamer Sprachstil. Strukturen und Prozesse sind also das Ergebnis des Verhaltens von Mitarbeitern.

Darunter liegt die Ebene der bekundeten Werte. Damit sind die Philosophie, die Strategie, die Visionen und Ziele einer Organisation gemeint. Diese sind für Außenstehende meist nicht auf den ersten Blick erkennbar; sie wirken teilweise unbewusst und können auch als Verhalten der Mitarbeiter beschrieben werden.

Die unterste Ebene sind die Grundannahmen. Diese bestimmen die Art und Weise, wie die Gruppe die Welt wahrnimmt, Entscheidungen trifft und Handlungen vollzieht. Sie sind unsichtbar, werden als selbstverständlich betrachtet und wirken unterbewusst. Grundannahmen werden auch als Ursachen von Verhalten beschrieben.

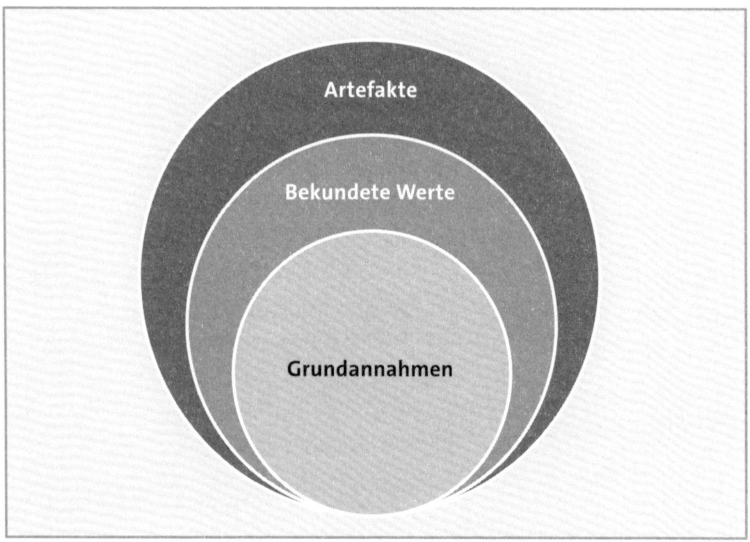

Abbildung 22: Die Kulturebenen nach Schein, eigene Darstellung

Welche Rolle spielt das Modell der Kulturebenen von Edgar Schein für die Etablierung eines Wissensmanagements? Und sollten sich der übergebende Unternehmer und der Nachfolger im Rahmen des Nachfolgeprozesses überhaupt mit dem Thema Unternehmenskultur beschäftigen?

Von Peter Drucker stammt das Zitat »Culture eats strategy for breakfast« – Die Kultur verspeist die Strategie zum Frühstück. Damit ist gemeint, dass auch die beste Unternehmensstrategie wenig Aussicht auf Erfolg hat, wenn sie nicht durch die Unternehmenskultur gestützt wird.

Das Modell von Schein zeigt, dass die Unternehmenskultur durch die Grundannahmen auf den tiefsten, unterbewussten Ebenen des menschlichen Verhaltens wirkt. Ihr Einfluss darauf, wie die Welt wahrgenommen und wie in ihr gehandelt wird, ist deutlich stärker als eine entworfene Strategie oder eine formulierte Unternehmensvision. Sie sorgt dafür, wie wohl sich Mitarbeiter im Unternehmen fühlen und beeinflusst die Motivation und Leistungsbereitschaft. Damit ist sie selbst zugleich auch ein entscheidender Wettbewerbsfaktor.

Die Kultur einer Organisation zeigt sich also nicht in den Vorstellungen oder Plänen eines Unternehmensinhabers, gleich ob Altinhaber oder Nachfolger. Sie zeigt sich in dem, was im Unternehmen real gedacht und gelebt wird, in den tatsächlichen Haltungen und Handlungen der Mitarbeiter.

Dadurch wird eine strategische Planung oder die Formulierung einer Unternehmensvision nicht obsolet. Im Gegenteil: Sie ist und bleibt ein wichtiger Bestandteil, um ein Unternehmen erfolgreich am Markt auszurichten. Jedoch können die dadurch angestrebten Veränderungen im Verhalten von Mitarbeitern nur dann erfolgreich umgesetzt werden, wenn die Unternehmenskultur berücksichtigt wird.

Kulturdimensionen nach Hofstede

Dem niederländischen Anthropologen Gerard Hendrik Hofstede, meistens kurz Geert Hofstede genannt, ist ein Modell zu verdanken, das sich zur Beschreibung von Kulturen fest in den Sozialwissenschaften etabliert hat: das Modell der Kulturdimensionen.

Hofstede hat in seiner Forschungsarbeit langjährige Studien betrieben und über 60.000 Mitarbeiter des Konzerns IBM aus 40 Ländern befragt.

Als Ergebnis liegt nun ein valides Modell vor, das sechs verschiedene Dimensionen unterscheidet, aus denen sich eine Kultur zusammensetzt. Deren Akzeptanz wird anhand einer Bewertungsskala von 0 bis 100 einzeln oder auch als Gesamtbild der Kultur gemessen.

Die Kulturdimensionen nach Hofstede sind:

1. **Machtdistanz:** Mit Blick auf den Unternehmenskontext steht hinter dieser Dimension die Frage, wie ein Unternehmen mit der Tatsache umgeht, dass seine Mitarbeiter nicht alle gleich sind. Dieses drückt sich beispielsweise in der Beziehung zwischen Führungskraft und Mitarbeiter aus. Ist diese Dimension in einem Unternehmen stark ausgeprägt, werden beispielsweise Entscheidungen von Führungskräften hingenommen, ohne sie aktiv zu hinterfragen oder ihnen zu widersprechen. Herrschen im Betrieb hingegen flache Hierarchien, begegnen sich Mitarbeiter und Führungskräfte also auf Augenhöhe, ist die Machtdistanz als niedrig zu bewerten.

2. **Individualismus:** Diese Dimension betrachtet das Verhältnis von Individuen zur Gruppe. Wird beispielsweise das Interesse eines einzelnen Mitarbeiters gegenüber dem Interesse einer Gruppe übergeordnet, ist der Individualismus stark ausgeprägt. Hat das Interesse der Gruppe gegenüber Einzelinteressen Vorrang, wird dies als kollektivistisch bezeichnet. Diese Unternehmen sind meistens davon geprägt, dass sich Mitarbeiter umeinander kümmern und ein harmonisches Miteinander herrscht.

3. **Maskulinität:** Wie steht es im Unternehmen hinsichtlich der Akzeptanz der Aufteilung von klassischen Geschlechterrollen? Herrscht überwiegend die Einstellung vor, dass man »lebt, um zu arbeiten«, ist selbstbewusstes Auftreten erwünscht, legt man Wert auf Prestige und werden Konflikte offen ausgetragen? Dies sind Anzeichen für eine maskulin geprägte Kultur. Eine feminine Kultur hingegen legt den Fokus eher auf Feinfühligkeit und ein harmonisches Miteinander, also eine stärkere Betonung der Beziehungsebene. Hier »arbeitet man, um zu leben«, findet eher Kompromisse und verhält sich meist zurückhaltend und bescheiden.

4. **Unsicherheitsvermeidung:** Wie sehr fühlen sich die Mitarbeiter eines Unternehmens durch ungewisse Situationen bedroht? Werden Mehrdeutigkeiten vermieden? Indikatoren für eine stark ausgeprägte Unsicherheitsvermeidung sind starre Regelwerke und stark standardisierte Abläufe. Auch herrscht das Gefühl vor, »immer viel zu tun haben zu müssen«, da eine hohe Arbeitsauslastung mit Sicherheit gleichgesetzt wird. Oft ist Angst das prägende Gefühl und es wird viel Wert auf altbewährte Muster gelegt und Innovationen mit dem Satz: »Das haben wir schon immer so gemacht« abgelehnt. Unternehmen mit einer niedrigen Unsicherheitsvermeidung hingegen agieren nach dem Motto »Nur so viele Regeln wie nötig und so wenig wie möglich«. Ein harter Arbeitseinsatz wird nur dann an den Tag gelegt, wenn es notwendig ist. Insgesamt herrscht eher ein Gefühl des Wohlbefindens. Die Unsicherheitsvermeidung ist auch ein Indikator für die Risikofreudigkeit und die Offenheit für Innovationen.

5. **Langzeitorientierung:** Langfristige Sparsamkeit oder kurzfristige Innovationsentscheidung? Die Frage nach der Langzeitorientierung legt ihren Blick auf den Zeithorizont des Denkens und Handelns des Unternehmens. Werden im Unternehmen Werte wie Geduld und Ausdauer gelebt und wird Wert gelegt auf den Respekt vor Traditionen? Dies sind Indikatoren für eine Langzeitorientierung. Ein Fokus auf kurzfristige Ergebnisse, die Entschei-

dungsfindung aufgrund von Quartalszahlen sowie eine schnelle Anpassung an neue Gegebenheiten spricht hingegen für eine Unternehmenskultur, die kurzfristig orientiert ist.

6. **Genuss:** Auch wenn der Name es vermuten lässt, geht es bei der Dimension nicht um die Qualität der Unternehmenskantine. Vielmehr steht hier die Frage im Fokus, wie sehr das Unternehmen die Selbstverwirklichung seiner Mitarbeiter akzeptiert. Und zwar vor allem derjenigen Mitarbeiter, die dem gängigen Bild des »Durchschnittsbürgers« entsprechen. Ist es für das Unternehmen okay, wenn Mitarbeiter beispielsweise sichtbare Piercings oder Tattoos tragen? Werden Kollegen, die ihre Frisuren und Haarfarben regelmäßig wechseln, akzeptiert? Wenn ja, spricht dies für eine genussorientierte Kultur. Werden hingegen Mitarbeiter, die anders aussehen oder sich anders verhalten eher ausgegrenzt, spricht man von einer beschränkenden Kultur.

Wie entsteht eine Unternehmenskultur?

Um noch etwas besser zu verstehen, was eine Unternehmenskultur ist und welche Rolle sie im Prozess der Unternehmensnachfolge spielt, soll hier kurz beleuchtet werden, wie eine Kultur in Betrieben überhaupt entsteht.

Hierzu ist es zweckdienlich, noch einmal zu betonen, dass ein Unternehmen ein Zusammenschluss von Menschen ist, die in einem gemeinschaftlichen sozialen System, dem Betrieb, agieren. Im Rahmen dieser Tätigkeit werden wiederholt verschiedene Ereignisse bewusst erlebt und *Erfahrungen* gemacht. Zu diesen Erfahrungen gehören auch, dass Aktionen und Verhaltensweisen bestimmte *Wirkungen* nach sich ziehen, also positive oder negative Konsequenzen haben. Aus diesen Wirkungen wiederum, die unmittelbare Reaktionen auf das eigene Verhalten sind, entstehen *Lernerfahrungen*. Diese sind dabei keineswegs individuell, sondern werden vielmehr in der Gemeinschaft und bisweilen auch kollektiv erlebt. Diese Erfahrungen werden *bewertet*, entweder positiv oder negativ. Die

Bewertung dieser Erfahrung wiederum dient als Grundlage für Entscheidungen, die bewusst und auch unbewusst wie *Überzeugungen* wirken, die im Kulturmodell nach Schein auch als Grundannahmen bezeichnet werden. Diese Überzeugungen wiederum prägen das *Verhalten*. Eingeübtes und wiederholtes Verhalten wiederum bildet *Gewohnheiten* aus, die charakteristisch für ein soziales System sind und es von seiner Umwelt unterscheiden.

Das Verhalten der Mitglieder des Unternehmens, als soziales System verstanden, ist es auch, welches im täglichen Arbeitskontext von Kunden, Lieferanten, Wettbewerbern und weiteren Stakeholdern wahrgenommen und damit als Unternehmenskultur erkannt wird.

4.3. Die Unternehmenskultur verstehen

Fassen wir kurz zusammen: Die Unternehmenskultur ist, neben dem im Unternehmen vorhandenen impliziten und expliziten Wissen, ein wesentlicher Wettbewerbsfaktor für kleine und mittlere Unternehmen. Sie ist daher für einen Nachfolger, der das Unternehmen im Rahmen des Nachfolgeprozesses übernimmt und erfolgreich weiterführen und entwickeln möchte, von besonderem Interesse.

Doch wie soll ein Nachfolger die Kultur eines Unternehmens einschätzen können? Welche Bewertungsmaßstäbe oder Indikatoren gibt es?

Kommt der Nachfolger aus der Familie des abgebenden Unternehmers und hat bereits aktiv mitgearbeitet oder übernimmt ein Mitarbeiter das Unternehmen, liegen bereits erste Erfahrungswerte vor, mit denen eine Unternehmenskultur intuitiv und »aus dem Bauch heraus« eingeschätzt werden kann. Der Nachfolger kennt dann bereits die Kollegen und die »ungeschriebenen Regeln und Gesetze«, die als kulturelle Leitplanken im Unternehmen herrschen. Er weiß, wie Mitarbeiter zusammenarbeiten und sich in unterschiedlichen Situationen verhalten. Vielleicht hat er auch schon einmal eine schwierige Sachlage erlebt und direkt erfahren, wie diese gemeinsam im Team gemeistert wurde.

Doch was, wenn der Nachfolger außerhalb des Unternehmens im Rahmen eines Management-Buy-Ins gefunden werden muss? Ein potenzieller Käufer kann eben nicht auf die genannten Erfahrungen zurückgreifen. Er blickt »von außen« auf das Unternehmen, ist unbefangen und muss sich während des Kaufprozesses ein neutrales Bild von der Kultur des Betriebes machen, um diese verstehen zu können. Nicht selten besteht daher der Wunsch nach einfachen Tools und Instrumenten, die die Analyse einer Unternehmenskultur unterstützen und vereinfachen. Dieser Wunsch ist natürlich nachvollziehbar, da Nachfolgeprozesse vielfach auch nach einem straffen Zeitplan organisiert werden.

Organisationsberatungen bieten hierfür ein breites Spektrum an Tools und Instrumenten an, von denen zwei ausgewählte nachfolgend kurz beschrieben werden sollen. Hierfür werden neben den entwickelten Instrumenten meist Workshops angeboten, die der Vorbereitung, Durchführung und Auswertung bzw. Nachbereitung dienen. Dabei sei an dieser Stelle jedoch direkt der Hinweis erlaubt, dass die meisten angewandten Standardverfahren bereits eine Form der Bewertung beinhalten. Diese können eine neutrale Spiegelung der Unternehmenskultur beeinflussen und verzerren – nicht selten mit dem Hintergrund der Generierung von Beratungsaufträgen der ausführenden Institute. Als Beispiel für die am Markt angebotenen vielfältigen Audit- und Analyseverfahren soll hier das Organizational Culture Inventory© (OCI©) genannt werden.

Organizational Culture Inventory© (OCI©)

Das Organizational Culture Inventory© (OCI©) wurde von Dr. Robert A. Cooke vom Beratungsunternehmen Human Synergistics International entwickelt und zählt zu den bekannten Instrumenten für die Analyse von Unternehmenskulturen.

Das Modell unterscheidet insgesamt zwölf verschiedene Verhaltensstile, die sich an menschlichen Bedürfnissen orientieren und in ihrer Ausprägung untersucht werden. Diese zwölf Stile werden zu drei Kulturtypen zusammengefasst:

- Konstruktive Kulturen zeichnen sich demnach durch leistungsorientiertes Verhalten, Selbstverwirklichung, Motivation und Kontaktfreudigkeit aus.
- In passiv-defensiven Kulturen sind Zustimmungsverhalten, eine Tendenz zu Tradition und Konvention, Abhängigkeiten und ein Vermeidungsverhalten besonders ausgeprägt.
- Aggressiv-defensive Kulturen wiederum weisen wettbewerbsorientiertes Verhalten, Perfektionismus, Macht und Oppositionsverhalten auf.

Die Ermittlung der jeweiligen Ausprägung dieser Dimensionen erfolgt über einen standardisierten Online-Fragebogen, der von Mitarbeitern und Führungskräften auszufüllen ist. Das Ergebnis wird in einem Kreisdiagramm dargestellt, in dem die Ausprägungen der unterschiedlichen Dimensionen abgebildet sind.

Qualitative Kulturdiagnose

Der Organisationsberater Winfried Berner schlägt eine probate alternative Möglichkeit vor, um die Kultur eines Unternehmens besser zu verstehen. Mit der qualitativen Kulturdiagnose ist ein Interviewverfahren gemeint, bei dem verschiedenen Personen im Unternehmensumfeld Fragen gestellt werden. Diese dienen dazu herauszufinden, welche »ungeschriebenen Regeln und Gesetze« in einem Unternehmen gelten. Ziel ist es vor allem, herauszufinden, wie das soziale Grundbedürfnis der Zugehörigkeit im Betrieb befriedigt wird.

- Die erste Fragestellung lautet: Was muss man im Unternehmen konkret tun, um dazuzugehören? Diese Frage lässt Rückschlüsse auf das sozial erwünschte Verhalten zu und zeigt, welches Auftreten im Unternehmen akzeptiert wird.

- Die zweite Frage erforscht das genaue Gegenteil: Was darf man im Unternehmen keinesfalls tun? Aus den Antworten wird deutlich, welche Verhaltensweisen sozial unerwünscht sind, was also nicht gesagt oder getan werden darf und im schlimmsten Fall sogar zum Ausschluss aus der Gemeinschaft führt.
- Wie kann man im Unternehmen Karriere machen und Reputation erwerben? Das ist die dritte Frage, die Rückschlüsse darauf zulässt, welches Verhalten zu einem besonderen Ansehen und einem guten Ruf im Unternehmen führt.

Diese Fragen können unterschiedlichen Personen auf verschiedene Arten gestellt werden:

- Mitarbeiter, die bereits länger im Unternehmen sind, können beispielsweise gefragt werden, was sie heute anders machen als zu ihrer Anfangszeit im Unternehmen. Dadurch können Veränderungen und Lernerfahrungen deutlich gemacht werden.
- Mitarbeiter, die noch nicht lange im Unternehmen sind, können gefragt werden, was sie in ihrem jetzigen Arbeitsumfeld überrascht hat oder was in ihrem neuen Tätigkeitsfeld anders ist als beim vorherigen Arbeitgeber.
- Kunden und Lieferanten können gefragt werden, was das Unternehmen im Vergleich zu anderen besonders macht und welche Eigenschaften die Zusammenarbeit in ihrer Wahrnehmung speziell auszeichnen.
- Personalverantwortliche können Antwort auf die Frage geben, nach welchen Kriterien Beförderungen oder Gehaltsentwicklungen ausgesprochen werden.

Auch wenn diese Fragestellungen nicht den Umfang eines wissenschaftlich-deduktiven Analyseverfahrens aufweisen, wie es die Angebote von Unternehmensberatungsgesellschaften versprechen, sind sie gerade für Nachfolger, die ein Unternehmen »von außen« betrachten müssen, gut geeignet, um einen ersten Eindruck von der Kultur eines Unternehmens zu bekommen.

4.4. Zielsetzung, Leitbild und Soll-Kultur: Wohin geht die Reise?

Wie in jedem strategischen Prozess im Unternehmenskontext gilt es, auch bei der Transformation von Unternehmenskulturen ein klares Ziel zu definieren. Ohne klares Ziel kann es auch keinen richtigen Weg geben. Dann besteht die Gefahr, dass sich ein Veränderungsprozess ungeordnet und in ungewünschte Richtungen entwickelt oder gar »im Sande verläuft«.

Dem bekannten Leitsatz »Structure follows Strategy« folgend soll die künftige Unternehmenskultur als Struktur primär die Unternehmensstrategie umsetzen und unterstützen. Diese Strategie ist primär vom Nachfolger zu formulieren, da er künftig in der Verantwortung steht, das Unternehmen zum Erfolg zu führen. Dennoch ist es empfehlenswert, die künftige Strategie auch mit dem abgebenden Unternehmensinhaber zu besprechen und diese auch gemeinsam zu entwickeln. Ist im Unternehmen bereits eine zweite Führungsebene vorhanden – gibt es also Mitarbeiter, die bereits fachliche und disziplinarische Verantwortung tragen –, ist es gut, auch diese in den Strategiebildungsprozess einzubinden. Die bisherige Unternehmensstrategie darf in diesem Prozess nicht außer Acht gelassen werden, schließlich bildet sie das Fundament, auf dem das neue Gebäude der künftigen Strategie errichtet werden soll.

In diesem Rahmen können Ziele und Aussagen darüber entwickelt werden, welche Grundsätze und Leitbilder die Verhaltensweisen und die Arbeit im Unternehmen bisher bei der Umsetzung der Strategie geprägt haben und wie diese künftig aussehen sollen.

Ein Beispiel für einen Satz aus dem Leitbild wäre: »Wir übernehmen Verantwortung für unsere Mitarbeiter und die Umwelt.«

Dieses Leitbild liest sich erst einmal sehr positiv. Es lässt darauf schließen, dass sich das Unternehmen seiner gesellschaftlichen Verantwortung bewusst ist und diese aktiv und im Sinne der Belegschaft wahrnimmt. Doch welche Verhaltensweisen verbergen sich konkret dahinter? Durch welche Handlungen im Unternehmen wird das Leitbild umgesetzt? Gibt es beispielsweise besondere Leistungen der Altersvorsorge für die Mitarbeiter? Gibt es Angebote zur Gesundheitsprävention, z.B. Fitnesskurse, Firmen-Yoga oder ein besonderes Ernährungsangebot in der Kantine? Gibt es einen bestimmten Nachhaltigkeitsreport, in dem die umweltbewussten Handlungen des Unternehmens nachlesbar sind? Bezieht das Unternehmen Energie aus erneuerbaren Energien, z.B. durch eine eigene Fotovoltaik-Anlage?

Wenn diese konkreten Verhaltensweisen bekannt sind, kann daraus eine Ist-Kultur abgeleitet werden, die durch eine Kulturanalyse gestützt werden kann. Der Nachfolger hat dann die Möglichkeit, eine Strategieanpassung konkret auf spezifische Verhaltensweisen hin auszurichten.

4.5. Das Feuer entzünden: Gibt es die ideale Unternehmenskultur?

Bereits in der Einleitung dieses Buchs wurde beschrieben, welche Ziele mit der Transformation der Unternehmenskultur verbunden sind: Neben der Sicherung des Wettbewerbsvorteils geht es auch darum, eine Unternehmenskultur so zu verändern, dass sich Mitarbeiter nachhaltig wohlfühlen. Dies wiederum spiegelt sich dann mit Blick auf die derzeitig für viele Branchen schwierige Situation auf dem Mitarbeiter- und Fachkräftemarkt in besseren Personalgewinnungsmöglichkeiten sowie niedrigen Fluktuationsquoten wider. Da schließt sich schnell die Frage an, wie so eine Unternehmenskultur im Idealfall aussieht. Welche Bedingungen müssen erfüllt sein, damit von einer exzellenten Unternehmenskultur gesprochen werden kann, die Mitarbeiter begeistert?

Die schlechte Nachricht gleich vorweg: Es gibt leider kein Patentrezept, nach dem die ideale Kultur im Unternehmen gebacken werden kann. Das hängt auch damit zusammen, dass Menschen eben Individuen sind, die sich innerhalb einer Kultur nach ihren Werten und Grundannahmen verhalten und daher auch unterschiedliche Wünsche und Bedürfnisse haben.

Das ist zugleich aber auch die gute Nachricht: Denn wenn es

gelingt, ein kulturelles Umfeld zu schaffen, in dem die Stärken und Fähigkeiten des einzelnen Mitarbeiters gefördert werden können, ist schon sehr viel gewonnen. Es geht also sowohl um Faktoren der menschlichen Interaktion als auch um die Reaktion des Unternehmens auf Veränderungen. Und hier sind kleine und mittlere Unternehmen aufgrund der in der Regel niedrigeren Beschäftigtenzahl durchaus im Vorteil.

Weitere Eigenschaften, die mit einer begeisterungsförderlichen Unternehmenskultur verbunden werden, sind:

1. **Vertrauen**

   Vertrauen bildet das Fundament der Zusammenarbeit und den »Klebstoff« von sozialen Beziehungen. Hier meint es die Fähigkeit von Führungskräften bzw. Unternehmensinhabern, ihren Mitarbeitern auch etwas zuzutrauen, z. B. eine komplexe Aufgabe oder schwierige Situation zu meistern. Erst durch die Bewältigung von Aufgaben können Mitarbeiter Selbstwirksamkeitserfahrungen machen, die sich positiv bestärkend auf das eigene Selbstwertgefühl auswirken.

   Das Gegenteil hierzu wäre ein misstrauisches Verhalten, was sich z. B. durch ein starkes Kontrollbedürfnis ausdrückt.

2. **Förderung von Kommunikation und transparenten Informationen**

   Dass Informationen die Basis für Wissen sind, wurde bereits in den vorgestellten Wissensmodellen deutlich. Mit transparenten Informationsflüssen ist nicht gemeint, dass »jeder jederzeit alles wissen muss«. Es geht vielmehr um die Vermeidung einer Grundhaltung nach der »Wissen Macht« ist und daher exklusiv gebunkert werden muss. Gerade im durch die Nachfolge angestrebten Wissenstransfer- und Kultur-Veränderungsprozess ist es wichtig, die aktuelle Situation und damit den Stand der Veränderung zu kommunizieren.

   Die Förderung von Kommunikation meint die Förderung von Austausch, der dazu dient, dass Mitarbeiter gemeinsam Themen besprechen sowie Lösungsansätze und Ideen austauschen können. Wenig förderlich ist die Haltung, dass »hier eh immer nur gequatscht wird«. Um es noch einmal zu wiederholen: Vertrauen ist der Klebstoff sozialer Beziehungen.

Auch gemeinsame Erlebnisse fördern die Kommunikation und die positive Beziehungsebene untereinander. Hierzu gehören neben Firmenfeiern auch Teamevents, die innerhalb der regulären Arbeitszeit stattfinden. Vor allem die gemeinsame Nahrungsaufnahme fördert eine angenehme Atmosphäre. Warum also nicht mal einen Thementag einlegen? Wie wäre es mit einem Dönerstag, an dem der Chef am Donnerstag für alle einen Döner Kebab springen lässt? Oder einen regionalen Buffettag, bei dem jeder Mitarbeiter ein typisches Gericht aus seiner Heimat vorbereitet und dann ein Buffet zusammengestellt wird? Zu einem echten Klassiker ist bereits der »Casual Friday« avanciert, bei dem Mitarbeiter am Freitag in (Wohlfühl-)Kleidungsstücken ihrer Wahl am Arbeitsplatz erscheinen können. Freude und Spaß auf der Arbeit sollten daher nicht nur erlaubt, sondern auch gewünscht sein.

3. Klare Ziele haben und kommunizieren

   Ziele richten nicht nur das Handeln aus und schaffen Orientierung und dadurch Sicherheit, sie motivieren auch und setzen Energien frei. Deshalb ist es empfehlenswert, diese aus der Unternehmensstrategie klar und ohne Interpretationsspielraum abzuleiten und zu kommunizieren.

4. Konstruktive Fehler- und Lernkultur

   Wenn die gesteckten Ziele erreicht werden, kann dies nicht nur ein Anlass zum Feiern, sondern auch zur Reflexion sein. Was hat dazu beigetragen, dass die Ziele erreicht wurden? Was lief richtig gut, was könnte man nächstes Mal vielleicht noch besser machen? Diese »Lessons Learned« tragen aktiv zu einer Verbesserung der Wissensbasis bei. Die gleiche Würdigung verdienen Fehler und Situationen, wenn Ziele nicht erreicht werden. Hier sollte es dann nicht darum gehen, einen Schuldigen zu identifizieren, um dann mit dem Finger auf ihn zeigen zu können, sondern vielmehr gemeinsam die sachlichen Gründe herauszufinden, die zu der Situation geführt haben. Gleichzeitig sollten diese Fehler ebenfalls als wertvolle Lernerfahrungen betrachtet werden, die zu einer Verbesserung der Organisation insgesamt beitragen.

5. Sinn
   Mehr als nur Gewinnmaximierung: Bei kleinen und mittleren Unternehmen liegt in der Regel das Engagement in der Region und die Unterstützung lokaler Vereine und Initiativen ist tief in ihrer DNA verwurzelt, weshalb sie dort auch einen ausgezeichneten Ruf genießen. Auch für Mitarbeiter ist dieser Zweck, der über die reinen wirtschaftlichen Interessen hinausgeht, ein wichtiger Orientierungsfaktor. Dahinter stecken die Fragen: »Wozu machen wir das alles hier eigentlich?« und »Wie trage ich dazu bei, dass es besser wird?« Die meisten Menschen wollen durch ihr Handeln nachhaltig Gutes tun, damit die Welt ein besserer Ort wird. Die kommunikative Betonung von gemeinsamen Zielen sollte daher auch immer den »höheren Zweck« mit beinhalten, den das Unternehmen anstrebt, damit dieses tief in uns verwurzelte altruistische Bedürfnis direkt mit angesprochen wird.

4.6. Die Unternehmenskultur verändern: Geht das?

Gleich, ob und auf welche Art und Weise eine Kulturanalyse vorgenommen wurde: Mit dem Ausscheiden des bisherigen Unternehmensinhabers und der Übergabe der Verantwortung an einen Nachfolger bricht eine neue Zeit im Unternehmen an. Diese bringt Veränderungen mit sich und wirkt sich auf die Unternehmenskultur aus. Vielleicht hat der Nachfolger auch bereits Wünsche und Vorstellungen, wie er die bisherige Kultur im Betrieb verändern möchte, z.B. weil er die bisherige Unternehmensstrategie anpassen will.

Unter Berücksichtigung der bisher vorgestellten Modelle und insbesondere der Kulturebenen nach Schein stellt sich die Frage, ob eine Unternehmenskultur überhaupt veränderbar ist. Schließlich wirkt sie auf der tiefsten Ebene der verinnerlichten Überzeugungen und Grundannahmen der Mitarbeiter, die diesen zudem meist gar nicht bewusst zugänglich ist. Und sind es nicht gerade Überzeugungen, die mit starken Emotionen verbunden sind und die bei einer vermeintlichen Bedrohung heftigen Widerstand auslösen? Hier genügt ein Blick ins eigene Umfeld, um zu beobachten, wie intensiv Diskussionen geführt werden, wenn es um Themen wie Ernährungsgewohnheiten, Religion, Politik oder auch Sport geht. Treffen hier unterschiedliche Überzeugungen aufeinander, sind Gespräche auf sachlicher Ebene oder gar Kompromisse eher die Ausnahme. Meist geht es vielmehr darum, den Gesprächspartner (der dann eher als »Gegner« wahrgenommen wird) von den eigenen Ansichten zu überzeugen, oft unter großen emotionalen Regungen und mit einer gewissen Leidenschaft. Die gute Nachricht für künftige Unternehmenslenker vorab: Für die Veränderung einer Unternehmenskultur müssen die bestehenden Grundannahmen von Mitarbeitern gar nicht aktiv angegangen werden. Vielmehr geht es in dem Prozess darum, dass sich Mitarbeiter in bestimmten Situationen künftig anders *verhalten* als bisher. Der Gegenstand, mit dem sich im Rahmen eines Kulturwandels beschäftigt wird, ist also nicht das tief im Unterbewusstsein gespeicherte Überzeugungsmuster, sondern das Verhalten. Und dieses richtet sich in hohem Maße nach den Rahmenbedingungen, in denen es stattfindet. Um das besser zu verstehen, hilft ein Moment der Selbstreflexion und die selbstkritische Frage, ob man selbst immer und jederzeit getreu seiner Prinzipien und Überzeugungen handelt. Wollte man nicht eigentlich mehr auf eine gesunde Ernährung achten, greift dann aber abends auf dem Sofa doch wieder in die Chips-Tüte? Wollte man nicht künftig auf Alkohol verzichten, stößt dann aber am Geburtstag doch wieder mit einem Glas Sekt an? Wollten wir nicht sparsamer leben und schlagen doch kurzfristig zu, wenn wir ein Schnäppchen für einen begehrten Artikel sehen?

»Gelegenheit macht Diebe« sagt der Volksmund und meint damit genau das: Unser Verhalten ist eben auch abhängig von den situativen Rahmenbedingungen, in denen wir uns befinden. Überzeugungen und Verhalten stehen damit in einer Wechselwirkung zueinander und beeinflussen sich gegenseitig.

Kognitive Dissonanz

Die kognitive Dissonanz ist ein Phänomen, das in der Sozialforschung seit vielen Jahren untersucht wird. Damit ist das unangenehme Gefühl gemeint, das wir empfinden, wenn wir zwei widersprüchliche Kognitionen erfahren, d.h. Wünsche, Absichten, Gedanken. Wir wollen dann das Eine, aber gleichzeitig auch das Andere, das jedoch im Konflikt zum Ersten steht: Auf der einen Seite wollen wir uns umweltbewusster und klimafreundlicher verhalten, auf der anderen Seite buchen wir eine Mittelmeer-Kreuzfahrt. Wie entsteht nun dieses unangenehme Gefühl der kognitiven Dissonanz und wie wirkt es? Menschen haben in der Regel ein ganz bestimmtes Bild von sich selbst, ihr »Ich-Ideal«. Dieses lässt sich auch als die ideale Version von uns selbst beschreiben, so wie wir uns selbst vorstellen. Damit dient es zugleich als Richtschnur und Kompass für unser Handeln. Als psychologischer Mechanismus trägt es dazu bei, dass das eigene Verhalten den zugrundeliegenden Überzeugungen angepasst wird, damit das ideale Selbstbild harmonisch bewahrt bleibt. Gleichzeitig finden unser Verhalten und Handeln jedoch immer innerhalb bestimmter Rahmenbedingungen statt. Wenn diese nun eine Anpassung nicht zulassen oder dies nur mit großem Aufwand möglich ist, wirkt der Prozess umgekehrt: Da kognitive Dissonanz als unangenehm empfunden wird, versuchen wir unsere Kognitionen in Einklang zu bringen, um den negativen Gefühlszustand zu beenden – indem wir die Überzeugungen dem Verhalten anpassen.

Auf den Kontext einer Umgestaltung der Unternehmenskultur bezogen bedeutet dies: Eine Veränderung der bestehenden Verhaltensmuster wird durch die richtige Anpassung der Rahmenbedingungen, in denen dieses Verhalten ausgeübt wird, positiv beeinflusst. Aus psychologischer Perspektive wird hier insbesondere das Grundbedürfnis nach Zugehörigkeit wirksam. Dieses stammt evolutionsgeschichtlich noch aus einer Zeit, in der das Überleben des

Individuums von der Akzeptanz in der Gruppe abhängig war. So war es unter frühzeitlichen Umweltbedingungen, in denen Raubtiere, Giftpflanzen und feindlich gesonnene Clans eine ständige Bedrohung für Leib und Leben für einen einzelnen Menschen waren, kaum möglich, ohne die Hilfe von anderen Menschen zu überleben. Dieses Bedürfnis ist tief in uns verankert und hat auch heute noch enormen Einfluss auf unser Verhalten.

Deshalb wollen wir uns in der Regel mit unseren Mitmenschen gut stellen, insbesondere wenn sie einen gewissen Einfluss auf unser Leben haben und über Macht verfügen. So ist aus Perspektive der Mitarbeiter der Nachfolger als künftiger Arbeitgeber, der das Gehalt bezahlt, mit dem der Lebensunterhalt bestritten wird, mit genau diesen Insignien ausgestattet. Dennoch reicht diese Eigenschaft allein nicht mehr aus. Gerade in Zeiten des Fachkräftemangels und des Arbeitnehmermarktes, der vielfältige alternative Beschäftigungsmöglichkeiten bietet, ist die Akzeptanz des Nachfolgers bei Mitarbeitern nicht mehr nur allein von seinem Status als Geldgeber abhängig. Vielmehr muss er durch (Führungs-)Verhalten insgesamt überzeugen, um sich die Loyalität der Belegschaft zu sichern. Dazu gehören eben auch ein wertschätzender Umgang und die emotionale Kompetenz, mit den Ängsten der Mitarbeiter, die mit einer Veränderung einhergehen, umzugehen.

▸ **Beispiel**

Helmut Walter möchte seinen Sanitär- und Heizungstechnikbetrieb mit 16 Mitarbeitern im Rahmen des Nachfolgeprozesses an seinen Sohn Sören übergeben. Helmut Walter hat das Unternehmen seit fast 30 Jahren geführt. Die Zufriedenheit seiner Kunden war ihm immer sehr wichtig, deshalb war es im Unternehmen gang und gäbe, dass ihm die Gesellen und Meister unmittelbar nach dem Abschluss eines Auftrags sowohl einen detaillierten schriftlichen Bericht im Rahmen eines Formblatts einreichten als auch direkt mündlich über Verlauf, Ergebnis und mögliche Reklamationen berichteten. Sören Walter misst der Kundenzufriedenheit einen genauso hohen Stellenwert zu. Die detaillierten schriftlichen Berichte und die mündlichen Reports hält er jedoch für zeitaufwendig. Zudem ist er der Meinung, dass dieses Vorgehen den Mitarbeitern kein Vertrauen in die eigenen Fähigkeiten und Kompetenzen suggeriert. Ihm reicht es, wenn er am Ende der Woche eine Zusammenfassung mit den erledigten Aufträgen erhält. Dies gibt ihm auch die Möglichkeit, seine zeitlichen Ressourcen in die Umsetzung seiner Unternehmensstrategie zu investieren. Sören entscheidet deshalb, dass die Gesellen und Meister künftig mehr Eigenverantwortung tragen sollen und ihm freitags im Rahmen einer Teamrunde nur eine kurze Zusammenfassung geben.

Robert Müller ist bereits seit über 15 Jahren als Meister im Sanitär- und Heizungstechnikbetrieb Walter angestellt. Seinen Job erledigt er stets äußerst zuverlässig, er kennt die meisten Stammkunden persönlich und konnte durch sein freundliches und zuvorkommendes Verhalten vielfach dazu beitragen, dass Kunden den Betrieb der Walters weiterempfohlen haben, wodurch lukrative Aufträge für das Unternehmen entstanden. Auch zu seinem bisherigen Chef Helmut Walter hat sich über die Jahre fast ein freundschaftliches Verhältnis entwickelt. Vor allem seine ausführlichen Berichte wurden durch Helmut Walter immer sehr gelobt und dienten oftmals auch als Musterbeispiel für die anderen Kollegen. Die Verkündung des neuen Umgangs mit den Reporten im Betrieb hat er natürlich aufgenommen und verstanden, füllt jedoch aus Gewohnheit noch einen schriftlichen Bericht nach der Beendigung eines Kundenauftrags aus und betritt das Büro von Sören Müller, um seinen mündlichen Bericht zu erstatten. Dieser nimmt den schriftlichen Bericht entgegen, hört sich den Bericht von Robert Müller an und sagt: »Super Arbeit, Robert, vielen Dank. Die Kunden und wir können wirklich froh sein, dass wir dich haben. Künftig reicht es mir aber, wenn du mir freitags eine Zusammenfassung deiner Aufträge im Rahmen der Teamrunde gibst.«

Was passiert nun innerlich bei Robert Müller? Wie fühlt er sich nach dieser Aussage seines neuen Chefs? Sehr wahrscheinlich geht er mit gemischten Gefühlen aus dem Gespräch – obwohl er von Sören Müller

▶▶

für seine Arbeit gelobt und sein Wert für das Unternehmen unterstrichen wurde.

Robert Müller spürt eine kognitive Dissonanz. Auf der einen Seite hat er seinen Arbeitsauftrag zu allseitiger Zufriedenheit erledigt und ein Lob erhalten, gleichzeitig jedoch wurde ihm gezeigt, dass sein Verhalten nicht den neuen Spielregeln im Betrieb entspricht. Dabei ist er doch sonst gerade für seine ausführliche Berichterstattung gelobt worden. Er merkt, dass bisher erwünschte Verhaltensweisen jetzt nicht mehr gewünscht sind. Für ihn bedeutet es auch, dass eine bisherige Quelle seiner Wertschätzung, nämlich seine musterhaften Berichte, künftig wegfallen wird. Für beide Seiten ergibt sich nun ein Lernprozess: Für Sören Walter bedeutet dies, dass er in seinem künftigen Führungsverhalten andere Wege finden muss, um dem wertvollen Mitarbeiter Robert Müller das Maß an Wertschätzung entgegenzubringen, das dieser zur Motivation braucht. Die Wertschätzung könnte beispielsweise so aussehen, dass er die Leistungen von Robert Müller im freitäglichen Team-Meeting explizit hervorhebt. Das Verhalten von Robert Müller hingegen wird sich entweder dahingehend ändern, dass er neue Wege sucht, um das gewohnte Maß an Anerkennung seines Chefs zu bekommen oder, das wäre der ungünstigere Fall, sein Engagement aufgrund der veränderten Umstände (zunächst) herunterzuschrauben.

Das Beispiel soll zwei Dinge verdeutlichen: Zunächst brauchen Veränderungen von Verhalten ihre Zeit und können nicht mit der Brechstange erzwungen werden. Nicht wenige Menschen verfügen über ein enormes Beharrungsvermögen und nehmen Umgestaltungen zunächst als Bedrohung wahr. Gerade, da sich Kultur und Verhalten gegenseitig beeinflussen, ist ein behutsames Vorgehen wichtig, das die Bedürfnisse von Mitarbeitern im Blick hat und ihre emotionale Situation wertschätzend berücksichtigt. Will der Nachfolger als künftiger Unternehmenslenker »zu viel auf einmal«, sind Widerstände vorprogrammiert.

Des Weiteren zeigt das Beispiel von Sören Walter und Robert Müller auch auf, wie wichtig eine wertschätzende und gute Kommunikation in Veränderungsprozessen ist. Diese wirkt schließlich nicht nur auf unterschiedlichen, sondern vor allem auch auf der tiefsten Ebene des menschlichen Bewusstseins.

Das Influence-Modell von McKinsey

Um noch etwas stärker zu verdeutlichen, welche Faktoren eine Veränderung von Verhalten positiv beeinflussen, soll hier kurz das Influence-Modell von McKinsey vorgestellt werden. Dieses zeigt vier Bausteine auf, die dazu beitragen, dass ein Veränderungsprozess akzeptiert und verstanden wird.

1. Die Vorbildfunktion
   Schon der römische Bischof Augustinus von Hippo wusste: »In dir muss brennen, was du in anderen entzünden willst.«

   Das heißt konkret: Ein gewünschtes Verhalten muss durch den neuen Unternehmenslenker auch selbst aktiv vorgelebt werden, damit es von den Mitarbeitern akzeptiert wird. Ist es für den Nachfolger beispielsweise wichtig, dass die Mitarbeiter künftig dem Thema »Ordnung am Arbeitsplatz und Datenschutz« mehr Wert einräumen, auf seinem Schreibtisch allerdings verstreut personenbezogene und sensible Mitarbeiterdaten herumliegen, stellt sich für Mitarbeiter schnell die Frage: »Warum sollte ich etwas tun, was mein Chef selbst nicht macht?« Dadurch verlieren getroffene Aussagen und Anweisungen ihre Wirkkraft.

   Ein Verhalten nach dem Motto »Wasser predigen und Wein trinken« führt schnell zu Akzeptanzverlust.

2. Förderung von Verständnis und Überzeugung
   Dass Überzeugungen ein überaus mächtiger Faktor im menschlichen Verhalten sind, wurde schon häufiger betont. Mit der Förderung des Verständnisses sind Antworten auf die Frage nach dem »Warum« gemeint. Was sind die konkreten Gründe, die eine Veränderung notwendig machen? Was ist das Ziel? Wohin wollen wir als Unternehmen und warum kann nicht einfach al-

les so bleiben, wie es ist? Je klarer, verständlicher und für die Mitarbeiter nachvollziehbarer die Gründe für die Veränderung kommuniziert werden, desto einfacher ist es für sie, diese zu verstehen und die Notwendigkeit zu erkennen. Das betrifft auch die Wahl der Worte und gewählter Formulierungen. Auf die Verwendung von spezifischen und Fachbegriffen sollte möglichst verzichtet werden. Besser ist es, Begriffe zu verwenden, die aus der Lebenspraxis der Mitarbeiter stammen. Auch hier kann gut das schon beschriebene »Storytelling« angewendet und die anstehenden Veränderungen in eine Geschichte eingebettet werden.

3. **Entwicklung von Talent und Fähigkeiten**
   Gerade bei Veränderungen im technischen Bereich ist es wichtig, darauf zu achten, dass die Mitarbeiter auch die notwendigen Kompetenzen und Fähigkeiten hierzu erwerben.

   Soll beispielsweise im Unternehmen künftig stärker über digitale kollaborative Plattformen wie z. B. »Microsoft Teams« agiert und kommuniziert werden, sollten entsprechende Ressourcen für Schulungs- und Trainingsmaßnahmen bereitgestellt werden. Gibt es im Unternehmen Mitarbeiter, die bereits Erfahrung in der Anwendung dieser neuen Tools mitbringen oder in der Lage sind, diese schnell zu erlernen, können diese gezielt als Multiplikatoren eingesetzt werden, um den Umsetzungsprozess zu unterstützen.

   Kristallisieren sich im Betrieb besondere Talente heraus, helfen Personalentwicklungsmaßnahmen dabei, diese weiter zu fördern und die Mitarbeiter nachhaltig für das Unternehmen zu gewinnen.

4. **Bestärkung durch formale Mechanismen**
   Der vierte Baustein des Influence-Modells weist auf die Bestärkung von erwünschtem Verhalten durch formale Mechanismen hin. Damit sind positive Anreize gemeint, die den Mitarbeitern widerspiegeln, dass ihr Verhalten den Erwartungen entspricht und dadurch zum Wohlbefinden beitragen.

Im vorab genannten Beispiel des an den Sohn übergebenen Sanitär- und Heizungstechnikbetriebs Walter könnte der Nachfolger Sören Walter den langjährigen Mitarbeiter Robert Müller lobend erwähnen, wenn dieser sein bisheriges Verhalten angepasst hat und die Reports im freitäglichen Team-Meeting vorträgt.

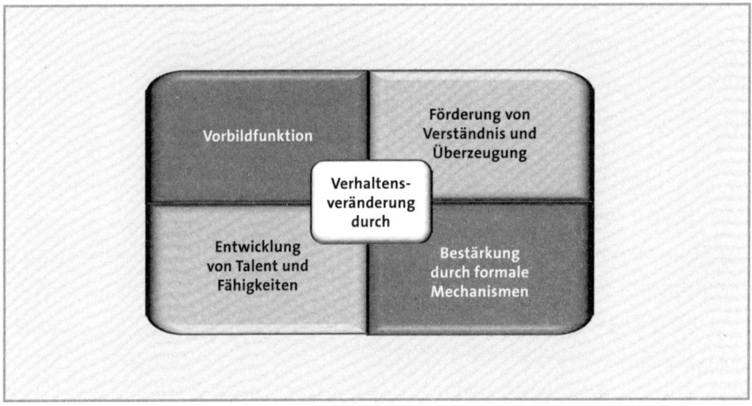

Abbildung 23: Influence-Modell von McKinsey, eigene Darstellung

Wissensmanagement als Bestandteil der neuen Organisationskultur

Die Wissensintegration bildet wie beschrieben nicht nur den Abschluss des Wissenstransfers im Rahmen der Unternehmensnachfolge, sondern lässt sich auch als Initialzündung für die Implementierung eines organisationalen Wissensmanagements verstehen. Mehr noch: Ein Wissensmanagement, das fester Bestandteil einer umfassenden Unternehmensstrategie ist, sichert dem Nachfolger und dem Unternehmen nachhaltig Wettbewerbsvorteile.

Wissensmanagement sollte dabei auf Dauer angelegt sein und als wertvoller und fester Bestandteil des Arbeitsalltags sowohl des Nachfolgers und neuen Unternehmenslenkers als auch der Mitarbeiter verstanden werden.

Für ein erfolgreiches organisatorisches Wissensmanagement existieren in der Fachliteratur und Managementpraxis unterschiedliche Konzepte, von denen sich nicht wenige auf die technische Umsetzung der Wissensorganisation durch Informations- und Kommunikationstechnologie fokussieren.

Die Anwendung und Nutzung von effektiven digitalen Lösungen zur Speicherung und zum Abruf von Wissensinhalten ist dabei sicherlich ein wichtiger Teil. Ein weiterer Aspekt, der jedoch ebenfalls in die vorbereitenden strategischen Überlegungen mit einbezogen werden muss, ist der Blick auf den eigentlichen Kern, auf dem eine Wissensbasis aufbaut: den Menschen.

Wissensbasiertes Management als unternehmensstrategischer Ansatz bedarf grundlegend einer Organisationskultur, die den Austausch von Wissen fördert, fordert und lebt.

Mit Blick auf den Wissenstransfer bedeutet dies: Der bisherige Umgang mit Wissensinhalten im Unternehmen muss im Prozess berücksichtigt werden.

In einem Unternehmen, das beispielsweise durch den bisherigen Unternehmensinhaber eher autoritär unter dem Motto »Mein Wort ist Gesetz« geführt wurde, werden es Mitarbeiter wahrscheinlich nicht gewohnt sein, ein Mitspracherecht zu haben. Derart geführte Unternehmen fördern in der Regel eher eine Haltung, angeeignetes (Experten-)Wissen für sich zu behalten, um die eigene Position zu sichern. Wenn nun im Zuge des Wissenstransferprozesses eine Teilung des Wissens erwartet wird, kann dies zu bestimmten Widerständen führen. Auch wenn der Nachfolger beabsichtigt, im Rahmen seiner neuen Verantwortung eine neue, offene, partizipative und integrative Kommunikationskultur zu etablieren, in der Wissen geteilt wird und Mitarbeiter zur Mitgestaltung benötigt werden, braucht dieser Prozess Zeit und wird nicht »von heute auf morgen« abgeschlossen sein. Hier bedarf es zunächst einer gewissen »Gewöhnungsphase«, in der die Mitarbeiter Vertrauen zum Nachfolger (und gegebenenfalls auch untereinander) aufbauen und die neuen Werte bzw. die Art des Miteinanders internalisieren.

Dass sich diese Geduld auszahlt, zeigen die Vorteile der Implementierung von organisationalem Wissensmanagement in den Arbeitsalltag:

- Wissensinhalte werden direkt als explizites Wissen nachhaltig und übergreifend im Unternehmen nutzbar gemacht.
- Positive Effekte auf die Unternehmenskultur, wenn die gemeinschaftliche Sammlung von Wissen und Erfahrungen gelebte Praxis ist.
- Arbeitsabläufe können schneller und effizienter ausgeführt werden.
- Einarbeitungszeiten für neue Mitarbeiter können sich verkürzen.
- Wissenspotenziale können gehoben werden, was neues Wissen und dadurch weitere Wettbewerbsvorteile mit sich bringen kann.

5. Wissenstransfer und Transformation der Unternehmenskultur als Change-Prozess

Um es direkt und ohne Umschweife zu formulieren: Es gibt wohl keinen größeren Veränderungsprozess, den kleine und mittlere Unternehmen durchlaufen können, als die Unternehmensnachfolge. Der Wechsel an der Unternehmensspitze signalisiert unmissverständlich: »Jetzt bricht eine neue Ära an.« Die alte (manchmal auch etwas wehmütig um den Zusatz »gute« ergänzt) Zeit ist vorbei, es werden sich Dinge unweigerlich ändern. Manche spürbar, sofort und direkt, andere eher schleichend und mit etwas zeitlichem Abstand, einiges wird bleiben wie bisher.

Ohne Zweifel: Veränderungen sind wichtig und notwendig. Märkte verändern sich, politische Rahmenbedingungen verändern sich, Menschen verändern sich und mit ihnen Kundenbedürfnisse. »Panta rhei«, wusste schon der Philosoph Heraklit im antiken Griechenland – »Alles fließt«. Heraklit verstand die Struktur der Realität als Prozess des Seins und Werdens, der niemals stillsteht, und vergleicht ihn mit einem Fluss. Auch dieser befindet sich, obwohl er physisch begrenzt ist, durch das Fließen des Wassers in einem immerwährenden Wandel. Veränderung ist damit ein Teil der natürlichen Ordnung der Dinge.

Einen Stillstand kann es daher auch für Unternehmen nicht geben und er würde unweigerlich und bildhaft gesprochen zum Tod der Organisation führen. Deshalb ist es für Unternehmen selbst lebensnotwendig, dass es auch nach der Aktivität des Gründers und langjährigen Inhabers jemanden gibt, der dieses weiterführen möchte.

Dennoch bereiten Veränderungen, die von außen kommen und ungewollt sind, den meisten Menschen erst einmal Unbehagen und werden von unterschiedlichen Emotionen begleitet. Diese haben unmittelbaren Einfluss auf das Verhalten und damit auch auf den Prozess, der die Veränderung trägt. Für Nachfolger und abgebende Unternehmer ist es daher hilfreich, nicht nur die emotionale Situation der Mitarbeiter zu verstehen, sondern auch die eigene Gefühlslage einschätzen zu können. Hierdurch kann ein besseres Verständnis füreinander geschaffen werden, das dem Transformationsprozess insgesamt zuträglich ist.

Neben den Emotionen können auch weitere Faktoren wie technische Herausforderungen den Erfolg eines Veränderungsprozesses beeinflussen. In diesem Kapitel lernen Sie hierfür bewährte Modelle kennen und erhalten konkrete Methoden und Tipps für die Planung und Umsetzung von Change-Prozessen sowie Ansätze, um bestimmte Barrieren erfolgreich zu überwinden.

5.1. Das Change-Management-Modell nach Kotter: Acht Stufen zum erfolgreichen Wandel

Der US-amerikanische Professor für Führungsmanagement an der Harvard Business School, John Paul Kotter, hat mit dem nach ihm benannten Acht-Stufen-Modell ein Konzept entwickelt, das acht sequenzielle Entwicklungsschritte für die nachhaltige Implementierung eines Veränderungsprozesses aufzeigt.

Dieses Modell ist als Grundgerüst für die Planung und Umsetzung einer Kulturveränderung und der Einleitung des Prozesses des Wissenstransfers gut geeignet.

Dabei verfolgen die Schritte 1 bis 4 den Zweck, die aktuelle Situation im Unternehmen, den gegenwärtigen Status, aufzutauen und damit die Voraussetzung für eine Veränderungsbereitschaft zu schaffen. Die Schritte 5 und 6 helfen dabei, neue Verhaltensweisen im Betrieb einzuführen, bis der Wandel in den Schritten 7 und 8 in der neuen Unternehmenskultur verankert ist.

1. Stufe: Ein Gefühl von Dringlichkeit erzeugen

Die Wichtigkeit des ersten Schrittes wird von Kotter selbst besonders betont. Hier geht es darum, im Unternehmen ein Bewusstsein für die Notwendigkeit des Veränderungsprozesses zu schaffen. In dem Prozess wird nachvollziehbar aufgezeigt, wofür die geplanten Änderungen wichtig sind und bei den Mitarbeitern die Bereitschaft hergestellt, diese mitzutragen und aktiv zu unterstützen.

Im Nachfolgeprozess ist die Veränderung durch eine neue Person an der Unternehmensspitze deutlich wahrzunehmen. Doch wie sieht die neue Strategie des Nachfolgers aus? Was wird sich konkret für die Mitarbeiter verändern? Kurz: Wohin geht die Reise mit dem Unternehmen? Und welche Veränderungen sind dafür notwendig?

Auch wenn diese Fragen an dieser Stelle im Prozess noch nicht detailliert beantwortet werden können, ist dennoch allen klar, dass sich etwas verändern wird. Und diese Veränderung ist auch maßgeblich von der verfolgten Strategie des Nachfolgers abhängig. Plant dieser beispielsweise, bestimmte Schritte im Bereich der Digitalisierung vorzunehmen, so können diese bereits mit dem Aufzeigen von vereinfachten Arbeitsvorgängen oder neuen Geschäftsfeldern angekündigt werden, die den Erfolg des Unternehmens künftig verbessern werden.

2. Stufe: Führungskoalition bilden

»Gemeinsam stark« – dieses Motto lässt sich auch auf den Veränderungsprozess im Rahmen der Unternehmensnachfolge übertragen. Gerade wenn der Nachfolger extern gefunden wurde und den Betrieb noch nicht gut kennt, ist es gut, wenn sowohl der bisherige Unternehmensinhaber als auch erfahrene Mitarbeiter ihm beim Veränderungsvorhaben unterstützen. Ist im Unternehmen bereits eine zweite Führungsebene in Form von Mitarbeitern, die schon fachliche und disziplinarische Verantwortung tragen, vorhanden, sollte diese eng in die Planung des Veränderungsprozesses eingebunden werden. Dies gilt auch für Mitarbeiter, die bereits viele

Jahre im Unternehmen sind und ein hohes Ansehen in der Belegschaft genießen. Sie können den Prozess als Multiplikatoren aktiv unterstützen und dazu beitragen, dass Bedenken bei Mitarbeitern abgebaut werden.

3. Stufe: Vision und Strategie entwickeln

Gemeinsam mit dem Führungsteam werden in diesem Schritt die Vision und Strategie für den Veränderungsprozess entwickelt. Die Vision beschreibt dabei das konkrete zukünftige Wunschbild des Unternehmens und fungiert damit als »Nordstern«, als übergeordnetes Ziel, das die künftige Ausrichtung des Unternehmens bestimmt. Diese Vision wird meist in einem griffigen Satz zusammengefasst, z. B.: »Wir liefern unsere Medizinprodukte mit kontinuierlich exzellenter Qualität und unter strenger Einhaltung aller Hygienemaßnahmen mit einem Lächeln an unsere Kunden aus.«

Die Strategie leitet die für die Umsetzung der Vision notwendigen konkreten Schritte ab. Sie zeigt auf, was ganz real passieren muss, damit das gezeichnete Wunschbild Wirklichkeit wird. Hierbei können Fragestellungen zu den einzelnen Elementen der Vision helfen.

- Wie kann eine exzellente Qualität der Medizinprodukte nachhaltig sichergestellt werden?
- Wie kann eine störungsfreie und schnelle Lieferung an Kunden gewährleistet werden?
- Wie erzeugen wir ein Lächeln bei unseren Kunden? Womit können wir sie positiv überraschen?

4. Stufe: Vision und Strategie kommunizieren

Damit die erschaffene Vision und die formulierte Strategie nicht »im stillen Kämmerlein« bleiben, sondern nachhaltig umgesetzt werden können, werden sie an die Mitarbeiter kommuniziert. Hierfür können alle zur Verfügung stehenden Medien genutzt werden: von persönlichen Gesprächen und Team-Meetings über das Schwarze Brett oder speziell angefertigten Plakate bis hin zu vorhandenen elektronischen Kommunikationsmöglichkeiten wie E-Mails oder Intranet. Auch ist die Kommunikation der Vision und Strategie kein einmaliger Akt, sondern sollte regelmäßig erfolgen.

5. Stufe: Mitarbeiter auf breiter Basis befähigen

Damit Mitarbeiter im Unternehmen die angestrebten Veränderungen auch aktiv umsetzen können, müssen sie natürlich auch die hierfür notwendigen Kompetenzen und Fähigkeiten haben. Deshalb gilt es auf dieser Stufe, die noch vorhandenen Hindernisse aus dem Weg zu räumen und eventuelle Störungen zu beseitigen, die den weiteren Fortschritt des Prozesses hemmen können.

Hilfreich ist es hierbei, verschiedene Hemmnisse zu unterscheiden, die das Verhalten von Mitarbeitern betreffen.

a) Können

Das Können umfasst die vorhandenen fachlichen Fähigkeiten, das bereits beschriebene implizite Wissen. Hier sind insbesondere Anwendungskenntnisse gemeint, die für die Umsetzung gewünschter Verhaltensweisen notwendig sind. Soll beispielsweise im Rahmen des Veränderungsprozesses eine neue Software eingeführt werden, bedarf es hierzu in der Regel entsprechender Ressourcen für Schulungs- und Trainingsmaßnahmen, damit die Anwendung der Software eingeübt werden kann. Das Wissen hierfür muss zunächst erworben werden. Neben den fachlichen gibt es jedoch auch individuelle Fähigkeiten zu berücksichtigen, beispielsweise das sprachliche Ausdrucksvermögen oder die eigene Reflexionsfähigkeit. Diese sind im Individuum des Mitarbeiters verankert und können daher unterschiedlich stark ausgeprägt sein. Für einen erfolgreichen Kommunikationsprozess ist es daher wichtig, eine gemeinsame sprachliche Ebene zu finden.

b) Wollen
Das Wollen wird bestimmt durch die vorhandene Motivation, also die persönliche Bereitschaft, eine Veränderung aktiv mitzutragen. Diese ist umso größer, je mehr die persönlichen Vorteile durch eine Veränderung erkannt werden und es gelingt, Ängste (z.B. vor Statusverlust) abzubauen. Das im Folgenden noch vorgestellte Modell der Change-Kurve kann zu einem besseren Verständnis beitragen.

c) Dürfen
Das Dürfen wird vor allem durch die Strukturen bestimmt, die im Unternehmen herrschen. So ist der Aufgaben- und Verantwortungsbereich von Mitarbeitern hierarchisch in der Organisationsstruktur definiert und »nicht jeder darf alles«. Die Umsetzung von neuen Verhaltensweisen ist daher auch davon abhängig, ob Mitarbeiter die Berechtigung haben, diese im Rahmen der ihnen zugeteilten Befugnisse und Verantwortlichkeiten umsetzen zu können.

6. Stufe: Schnelle Erfolge erzielen

Veränderungsprozesse nehmen Zeit in Anspruch. Manchmal, wenn sich beispielsweise Rahmenbedingungen durch ungeplante Ereignisse verändern, auch mehr als ursprünglich geplant. Umso wichtiger ist es für die eigene Motivation, das Führungsteam und die Mitarbeiterbasis, Erfolge sichtbar zu machen, auch wenn sie zunächst im Vergleich zum Gesamtprozess kleiner wirken. Ein Warten auf den nächsten großen Erfolg ist aufgrund der situativen Dynamik keine empfehlenswerte Strategie.

7. Stufe: Erfolge konsolidieren und weitere Veränderungen einleiten

Einmal in Bewegung kann die bestehende Veränderungsdynamik auch genutzt werden, um weitere Themen anzustoßen. Bringt beispielsweise die Einführung einer neuen cloudbasierten Software noch weitere positive Effekte, wie z. B. eine Verschlankung der internen Serverstruktur? Können dadurch Synergieeffekte in der Kostenstruktur entstehen? Auch hierbei kann in der Kommunikation auf dem bisher Erreichten aufgebaut werden, um die Motivation weiterhin zu bestärken.

8. Stufe: Neue Ansätze in der Unternehmenskultur verankern

Die durch den Veränderungsprozess erzielten neuen Verhaltensweisen werden schließlich in der Unternehmenskultur verankert. Sie sind nun fester Bestandteil und gehen in den Alltag der Mitarbeiter ein.

Auch diese Stufe kann kommunikativ genutzt werden, um die Vorteile der neuen Situation hervorzuheben. Auch können bestimmte »Leuchttürme«, also Leistungen oder Erfolge, die besonders positiv im Prozess der Veränderung sichtbar wurden, betont werden.

Abbildung 24: Der Acht-Stufen-Prozess nach Kotter, eigene Darstellung

5.2. Die Change-Kurve

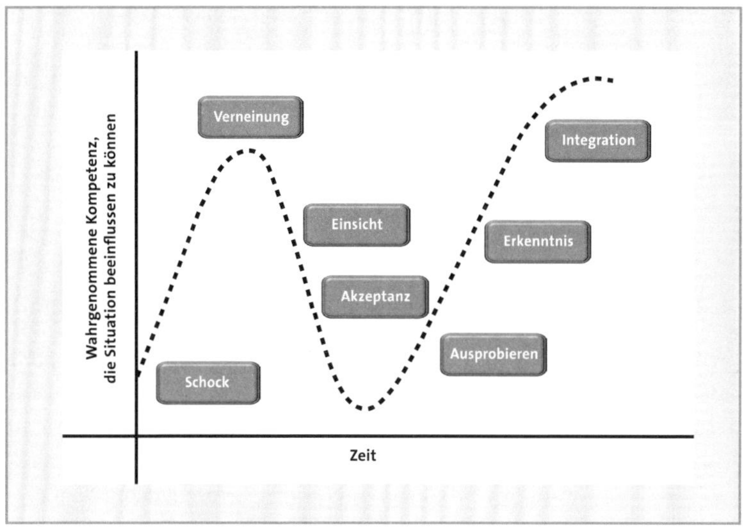

Abbildung 25: Change-Kurve, eigene Darstellung

Ein Modell, das im Change-Management oft eingesetzt wird, sind die sieben Phasen der Veränderung, die sich auch in der Change-Kurve widerspiegeln. Den Ursprung hat dieses Modell in der Soziologie. Die US-amerikanische Psychiaterin Elisabeth Kübler-Ross hat in ihrer Arbeit zur Trauerforschung die fünf Phasen der Trauer entwickelt. Dieses Modell wurde später von unterschiedlichen Autoren in den Business-Kontext übertragen und zu den sieben Phasen der Veränderung weiterentwickelt. Die beiden Achsen, in denen sich die emotionalen Reaktionen und damit verbundenen Verhaltensweisen abspielen, sind die wahrgenommene Kompetenz, die Situation mit den eigenen persönlichen Ressourcen beeinflussen zu können (Y-Achse) und die Zeit (X-Achse).

Diese sieben Phasen bauen dabei aufeinander auf bzw. laufen nacheinander ab.

1. Schock

Die erste Phase wird auch als Schock-Phase bezeichnet. In dieser wird den Mitarbeitern (manchmal auch schlagartig) bewusst, dass eine Veränderung passiert, auch wenn sie diese im ersten Moment vielleicht nicht wahrhaben wollen. Sie wird begleitet von einem gewissen Gefühl der Ohnmacht und des Kontrollverlusts.

Gerade in kleinen und mittleren Unternehmen kennen die Mitarbeiter den Unternehmensinhaber in aller Regel persönlich und oft schon viele Jahre lang. Oft herrscht ein familiäres Klima im Betrieb, man feiert Geburtstage und besondere Anlässe zusammen und weiß meist, dass die Tür des Chefs auch bei persönlichen Themen offensteht. Damit geht auch einher, dass das Alter des Chefs den Mitarbeitern bekannt und somit klar ist, dass er das Unternehmen nicht »bis in alle Ewigkeit« führen kann. Dass es also zu einem bestimmten Zeitpunkt eine Nachfolgeregelung geben wird, um das Unternehmen und damit auch den eigenen Arbeitsplatz zu erhalten, ist für jeden Mitarbeiter verständlich. Dennoch macht die Tatsache, dass dieser Zeitpunkt jetzt gekommen ist, persönlich betroffen und schafft Verunsicherung. Vor allem, da zu diesem Zeitpunkt noch unklar ist, was genau die Nachfolge für den Mitarbeiter persönlich bedeutet: Wird er seinen alten Job behalten können, um den eigenen Lebensunterhalt zu sichern?

Mit Blick auf die Produktivität des Unternehmens ist hier jedoch mit einem vorübergehenden Rückgang zu rechnen, da eine gewisse schockbegründete Lähmung eintreten kann. Die Stärke der Reaktion ist dabei natürlich individuell und auch von der Persönlichkeitsstruktur der Mitarbeiter abhängig. So kann es ebenso gut sein, dass es positive emotionale Reaktionen gibt, wie z.B. Neugierde oder Überraschung.

2. Verneinung

Ist der erste Schock überwunden, tritt die Phase der Verneinung ein. In dieser wird versucht, die erlebte Ohnmacht und den Kontrollverlust durch Widerstand wettzumachen. Dieser kann sich unterschiedlich äußern, zeigt sich aber meist daran, dass Mitarbeiter die Situation schlichtweg nicht wahrhaben wollen. Dann wird die »gute, alte Zeit« gern romantisiert und die Notwendigkeit für eine Veränderung nicht gesehen: »Der Chef kann es doch ruhig noch ein paar Jahre machen, so alt ist er doch noch nicht.« So kann sich auf emotionaler Ebene auch ein gewisser Ärger einstellen, der durchaus Energien freisetzen kann. Diese können sich sowohl in aktivem Aufbegehren äußern, in Konflikten der Mitarbeiter untereinander oder auch in besonderem Engagement und Fleiß, der zeigen soll, dass doch alles prima funktioniert, so wie es jetzt ist. Offener Widerstand zeigt sich beispielsweise durch verbale Schuldzuweisungen und Proteste. Diese sollten Nachfolger als Einladung zum Dialog und als Chance verstehen, ihre Kommunikations- und Führungsfähigkeiten unter Beweis zu stellen. Sie bieten die Möglichkeit, sich im offenen Gespräch gegenseitig kennenzulernen und sich aktiv mit der Situation auseinanderzusetzen. Diese Möglichkeit bietet der verdeckte Widerstand meist nicht. Dieser stellt sich meist so dar, dass Mitarbeiter in direkten Gesprächen zwar verbal zustimmen, ihr Handeln jedoch auf Reaktanz ausrichten, um den früheren Zustand wiederherzustellen. Dann wird verzögert und bestimmte Aktivitäten werden einfach ausgesessen, Koalitionen mit vermeintlich Gleichgesinnten geschmiedet und dadurch verdeckt opponiert.

Von Nachfolgern ist hier vor allem Geduld gefragt, denn auch diese Phase geht vorbei. Auch ist es hilfreich, das (nicht offen) gezeigte Verhalten nicht persönlich zu nehmen, auch wenn es von Seiten der Mitarbeiter an der Person festgemacht und der Nachfolger im Moment quasi als »Buhmann« betrachtet wird. Im Kern geht es in dieser Phase nicht um die Person, sondern um das, was sie verkörpert: Die Veränderung und die Tatsache, dass gewohnte Muster ihre Gültigkeit verlieren. Daher gilt es hier, kommunikative Stärke zu zeigen und kontinuierlich Gesprächsangebote zu machen, damit die Situation möglichst offen angesprochen werden und Vertrauen entwickelt werden kann.

Aus Unternehmenssicht kann sich die Phase der Verneinung unterschiedlich manifestieren. Einerseits kann die verdeckte Verzögerungshaltung zur Verlangsamung von Prozessen führen. Auch ein Anstieg der Fehlzeiten oder eine Fluktuation kann eine Folge sein. Auf der anderen Seite kann der Wille, beweisen zu wollen, dass eine Veränderung prima funktioniert, auch zu einem Produktivitätsanstieg führen. Dieser sollte jedoch nicht zu früh als positives und entwarnendes Signal interpretiert werden – das »Tal der Tränen« kommt jetzt erst noch.

3. Einsicht

Die Phase der Einsicht tritt ein, wenn die für den Widerstand aufgebrachte Energie ins Leere läuft. Es entsteht eine Form der rationalen Einsicht in die Notwendigkeit einer Veränderung, die sich in Sätzen wie »Ich verstehe ja, dass sich Dinge ändern müssen« oder »Klar ist die Veränderung sinnvoll« ausdrücken. Diesen Aussagen folgt jedoch meist eine »Ja, aber ...«-Reaktion. »Mir ist schon klar, dass wir Dinge künftig anders machen müssen, aber es hat ja alles bisher gut funktioniert.« Damit ist die Veränderung zwar rational verstanden, aber emotional noch nicht akzeptiert. Die wahrgenommene Kompetenz der Mitarbeiter, eine Situation mit eigenen Ressourcen bewältigen zu können, nimmt in dieser Phase wieder ab, was nicht selten in der Einnahme einer Opferrolle mündet: »Mit uns können die es ja machen« oder »Die da oben machen ja eh was sie wollen«. Das eigene Verhalten wird hier noch nicht hinterfragt.

Für Nachfolger ist es in dieser Phase wichtig, weiterhin Geduld und Gesprächsbereitschaft zu zeigen. Damit ist kein »Einknicken« vor den Mitarbeitern gemeint, sondern vielmehr eine zielgerichtete statt problemorientierte Kommunikation. Mit aktiven Fragen wie »Was brauchen Sie, um X umzusetzen?« oder »Was muss geschehen, damit Sie X umsetzen können?« oder »Welche Vorteile würden sich für Sie ergeben, wenn Sie X umsetzen?« kann der Fokus weg von dem Problem hin zu einer Lösungshaltung geführt werden.

4. Akzeptanz

Die Akzeptanz ist eng mit der Phase der Einsicht verwandt, spielt sich jedoch mehr auf der emotionalen Ebene ab. Sie ist die zweite Phase des »Tals der Tränen« und stellt den Tiefpunkt im Prozess dar. In den fünf Phasen der Trauer nach Elisabeth Kübler-Ross entspricht sie der Verzweiflung, was die emotionalen Ausprägungen dieser Phase bereits deutlich macht. Hier kann es durchaus dazu kommen, dass Mitarbeiter seelische und auch körperliche Niedergeschlagenheit erleben. Meist ist ein Gefühl der Angst stark ausgeprägt. Diese Angst bezieht sich vor allem darauf, dass die eigenen Fähigkeiten nicht ausreichen, um die neue Situation zu bewältigen.

Aus Unternehmenssicht folgt in dieser Phase der Tiefpunkt der Produktivität. Gleichzeitig markiert sie jedoch einen zentralen Wendepunkt: Ab jetzt geht es bergauf! Die Mitarbeiter haben auch emotional akzeptiert, dass eine Veränderung stattfindet und notwendig ist – sie suchen nach Möglichkeiten, um sich den neuen Bedingungen anzupassen und damit Wege aus der Opferrolle heraus zu finden. Deshalb ist es wichtig, diesem Prozess auch seine Zeit einzuräumen.

Nachfolger können und sollten Mitarbeiter in dieser Phase besonders unterstützen, indem sie ressourcenorientiert kommunizieren. Auch hier gilt es, sich ausreichend Zeit für Gespräche mit Mitarbeitern zu nehmen, um diesen zu zeigen, dass ihre Sorgen und Ängste ernst genommen werden. Auch ist es hilfreich, von bereits durchlebten eigenen, ähnlichen Erfahrungen zu berichten und zu zeigen, dass man unerschütterlich davon überzeugt ist, dass der Veränderungsprozess ein Erfolg wird.

Dabei sollte das »Vergangene« stets wertschätzend gewürdigt werden. Warum auch nicht? Wenn bestimmte Entscheidungen und Vorgehensweisen in der Vergangenheit nicht genauso getroffen worden wären und das Unternehmen auf diese Art erfolgreich gemacht hätten, hätte sich der Nachfolger sicher nicht dafür entschieden, den Betrieb weiterzuführen. Gleichzeitig bringt die Zukunft neue Möglichkeiten und erfordert Veränderungen.

5. Ausprobieren

In dieser Phase können langsam die ersten Früchte des Veränderungsprozesses geerntet werden. Die Einstellung der Mitarbeiter zum Change-Prozess ändert sich. Zwar langsam und manchmal auch mit einigen Rückschritten in die »alte Welt«, aber es findet ein Lernprozess statt. Dieser folgt dem Prinzip des »Trial and Error«, also des Ausprobierens und Scheiterns. Durch ein vorsichtiges Herantasten an die neue Situation erfahren die Mitarbeiter Selbstwirksamkeit und nehmen Stück für Stück ihre eigene Kompetenz zum Umgang mit der neuen Situation wahr.

Nachfolger können diesen Prozess unterstützen, indem sie ein waches Auge auf einzelne Fortschritte haben und diese durch konstruktives Feedback widerspiegeln.

Wurde beispielsweise durch den Nachfolger eine neue Software im Unternehmen eingeführt, ist es nicht ungewöhnlich, dass Mitarbeiter gerade zu Beginn Fehler in der Anwendung machen. Dann ist es hilfreich, den positiven Fokus des Feedbacks darauf zu legen, dass die Software angewendet und Stück für Stück durch den Mitarbeiter »erobert« wird, statt den Anwendungsfehler in den Mittelpunkt des Feedbacks zu stellen.

Dadurch wird die Lernbereitschaft, die Anwendungsinitiative des Mitarbeiters und das Vertrauen in den Nachfolger als Führungskraft bestärkt.

6. Erkenntnis

Kennzeichnend für diese Phase im Veränderungsprozess ist die Erkenntnis der Mitarbeiter, dass die Veränderung positive Auswirkungen hat – auf das Unternehmen und sie selbst. Erfolgserlebnisse und die Entwicklung neuer Fähigkeiten tragen dazu bei, dass die Neugestaltung nicht nur rational, sondern auch emotional akzeptiert wird.

Jetzt werden das Bild und das Ziel der neuen, zukünftigen Ausrichtung im Unternehmen klarer, auch das Vertrauen in die eigenen Fähigkeiten und die Person des Nachfolgers steigt. Dadurch entwickelt sich auch eine Neugier auf das, was noch kommt.

Nachfolger können den Mitarbeitern in dieser Phase helfen, indem sie die Veränderung stabilisieren und die Integration weiterhin durch bestärkende Kommunikation unterstützen.

Diese Phase wird aus Unternehmenssicht von einer steigenden Produktivität begleitet.

7. Integration

Geschafft! In dieser Phase sorgen das neu gewonnene Selbstvertrauen der Mitarbeiter und ihre positiven Lernerfahrungen dafür, dass die Veränderung vollständig akzeptiert ist. Ängste und Widerstände konnten erfolgreich abgebaut werden und Mitarbeiter haben das Gefühl, dass sie die neuen Anforderungen mit ihren Ressourcen gut bewältigen können.

Dadurch kehrt eine neue Form der Normalität ein, ein »New Normal« sozusagen. Routinen bilden sich heraus und sind fest in den Arbeitsalltag integriert. Dabei ist es wichtig sich zu vergegenwärtigen, dass nicht alle Mitarbeiter diese Phase gleichzeitig erreichen werden, sondern die Erreichung individuell ist. Der eine wird sie schneller erlangen als der andere; auch hier ist also Geduld gefragt.

Insgesamt jedoch verdient diese Leistung Würdigung: Und zwar nicht nur aufgrund der neu erworbenen Fähigkeiten, die erfolgreich im Arbeitsalltag integriert werden (z. B. die Anwendung einer neuen Software), sondern auch wegen des Umgangs mit der Veränderung. Schließlich ist jeder, der diesen Prozess erfolgreich durchlaufen hat, besser gerüstet für die Zukunft und hat damit eine Veränderungskompetenz erworben. Jetzt geht es weiter!

Die Unternehmensperformance und Produktivität sind in dieser Phase höher als zu Beginn.

Nachfolger können Mitarbeiter über diese Phase hinaus unterstützen, indem sie Ansätze für eine (neue, verbesserte) Fehlerkultur implementieren. Diese kann beispielsweise so aussehen, dass in einem kurzen Workshop oder einem Team-Meeting die »Lessons Learned« erörtert werden. »Was haben wir durch den Prozess gemeinsam gelernt? Was lief gut, was weniger? Was können und wollen wir beim nächsten Mal anders machen?« Wichtig: Hier geht es nicht darum, Schuldige zu finden und mit dem Finger auf jemanden zu zeigen, sondern gemeinsam über Lernerfahrungen zu sprechen und Bilanz zu ziehen. Auch der Nachfolger hat in diesem Prozess sicher Fehler gemacht, die ebenfalls transparent dargestellt werden können.

Zusammenfassung

Die Change-Kurve des Veränderungsprozesses zeigt, dass eine Veränderung a) Zeit braucht und b) von mannigfaltigen und teils intensiven Emotionen begleitet wird. Sowohl für Mitarbeiter als auch für den Nachfolger kann ein Prozess eine »emotionale Achterbahnfahrt« sein. Dennoch haben Nachfolger unterschiedliche Möglichkeiten, den Prozess aktiv zu unterstützen und zu gestalten. Eine transparente und konstruktive Kommunikation ist ein Schlüsselfaktor hierfür.

5.3. Emotionale Barrieren im Nachfolgeprozess

Wie bei jedem Prozess kann es auch beim Wissenstransfer und der Veränderung der Unternehmenskultur im Rahmen der Unternehmensnachfolge zu Eventualitäten kommen, die eine planmäßige Fortführung ausbremsen oder – schlimmer – diese sogar komplett verhindern.

Dem Vertrauen, der Motivation und der Kommunikation kommen im gesamten Nachfolgeprozess besondere Rollen zu. Besonders deutlich werden Auswirkungen jedoch im Verhältnis vom abgebenden Unternehmer und dem Nachfolger. Daher ist es hilfreich, sich auch bei bestehenden Konflikten zunächst in die Position des jeweils anderen hineinzuversetzen und dessen Situation und »Agenda« zu kennen und zu verstehen. Dies ist gerade beim Prozess des Wissenstransfers essenziell, da der bisherige Unternehmensinhaber über den größten Wissensschatz verfügt.

Die Situation des übergebenden Unternehmensinhabers

Aufseiten des übergebenden Unternehmensinhabers ist für ein Gelingen des Prozesses die Bereitschaft essenziell, sein Wissen überhaupt zu teilen.

Bei dem zu übergebenden Unternehmen handelt es sich oft um das eigene Lebenswerk des übergebenden Senior-Unternehmers. Hier wurde oft über Jahrzehnte viel Arbeit, Energie, Geld und Herzblut investiert, um das Unternehmen auf den Stand zu entwickeln, den es heute hat. Dies geschah vielfach auch unter persönlichen Entbehrungen und manchmal unter hohem Zeiteinsatz zulasten des Privatlebens. Erst durch seine Weitergabe in die Hände eines Nachfolgers kann dieses Lebenswerk überhaupt bestehen bleiben und weitergeführt werden. Daher sollte angenommen werden können, dass der übergebende Senior-Unternehmer ein hohes Maß an intrinsischer Motivation für das Gelingen des Nachfolge- und Wissenstransferprozesses mitbringt. In der Praxis zeigt sich jedoch ein differenziertes Bild.

Die große persönliche Bedeutung, die das Unternehmen für seinen Eigentümer hat, und die damit verbundenen emotionalen Faktoren können die Wahrnehmung darauf beeinflussen, welche Inhalte wichtig sind und welche eher nicht.

Dadurch kann es vorkommen, dass Prioritäten und Dringlichkeiten von bestimmten Wissensinhalten oder der Unternehmenskultur vom Unternehmensinhaber anders eingeschätzt werden als vom Nachfolger. Auch können neue Ideen und Ansätze, die der Nachfolger bereits im Rahmen des Übergabeprozesses installieren möchte, auf eine abwehrende Haltung stoßen, da man bestimmte Dinge »schon immer so gemacht hat«. Der bisherige Unternehmensinhaber durchläuft hier seine ganz persönliche Change-Kurve.

Gerade wenn im Rahmen der Vorbereitung des Nachfolgeprozesses nicht ausreichend in die künftige Gestaltung des in der Zukunft liegenden Alltags investiert wurde, kann beim Alt-Inhaber das Gefühl entstehen, dass ihm der Nachfolger »etwas wegnehmen will«. Das ist natürlich objektiv gesehen nicht der Fall, ganz im Gegenteil, aber auf der emotionalen Seite kann sich der Nachfolgeprozess wie ein persönlicher Verlust oder eine persönliche Niederlage anfühlen. Das Unternehmen ist für seinen Inhaber oft mehr als nur ein Arbeitsplatz – es ist ein hoher Identifikationsfaktor. Nicht selten genießen gerade kleine und mittlere Unternehmen in der Region, in der sie ansässig sind, ein hohes Ansehen – und mit ihnen der Unternehmensinhaber. Nicht nur, dass sie für Arbeitsplätze und damit auch für Lebensqualität in der Region sorgen, oft unterstützen sie auch örtliche Vereine wie die freiwillige Feuerwehr oder den Fußballklub. Damit sind sie ein wichtiger Teil der kommunalen Gesellschaft. Wer dem Unternehmer auf der Straße sieht, weiß, wer er ist und was er geleistet hat. Er genießt oft ein großes Ansehen. Ob das auch nach dem Ausscheiden aus dem Unternehmen so bleibt? Wird man ihn noch auf der Straße erkennen? Blickt man auch künftig zu ihm auf und sagt: »Mensch, der Müller! Der hat echt was geleistet und für uns getan!« So oder so ähnlich können Gedanken lauten, wenn sich Betriebsinhaber mit dem Ende ihres unternehmerischen Lebenslaufs konfrontiert sehen. Dies führt auch nicht selten zu einem weiteren Aspekt, der unterbewusst wirken kann: Mit dem Ende des unternehmerischen Lebenslaufs wird einem auch die eigene Vergänglichkeit bewusst. Wenngleich er sachlich richtig und gut gemeint ist, kann dann der Satz: »Du hast so viel erreicht, jetzt mach dir doch noch ein paar schöne Jahre!« geradezu zynisch wirken. Für Unternehmer, die sich mit dem Thema der Unternehmensnachfolge beschäftigen, ist es daher empfehlenswert, sich frühzeitig eine Beschäftigungsalternative zu suchen, die den »Alltag nach dem Alltag« sinnhaft ausfüllt. Neben den »Klassikern« wie »Haus, Auto, Garten und Reisen« bieten sich gerade für Senior-Unternehmer vielfältige Möglichkeiten, auch nach der unternehmerischen Aktivität ihr Wissen und Können sinnvoll einzusetzen. Deutschlandweit gibt es verschiedene Vereinigungen von

»Wirtschaftssenioren« wie dem Senior Experten Service (SES), bei denen das Wissen und Können von erfahrenen Unternehmern sehr gefragt ist und im Rahmen vielfältiger spannender Projekte angewendet werden kann.

Mit Blick auf den Wissenstransfer besteht vor allem bei sensiblen Themen und Hinweisen auf in der Vergangenheit getroffene unternehmerische Fehlentscheidungen, von denen möglicherweise bisher auch nur der Unternehmensinhaber Kenntnis hat, das Risiko, dass diese vom Unternehmensinhaber nicht aktiv kommuniziert, relativiert oder nur lückenhaft bzw. emotional gefärbt vermittelt werden.

Was können Nachfolger also tun und wie sollten sie sich verhalten? Seitens des Nachfolgers ist im Nachfolge-Transformationsprozess besonders auf eine wertschätzende Kommunikation zu achten. Diese sollte eine authentische Würdigung des Lebenswerks des Unternehmensinhabers und seiner bisherigen unternehmerischen Erfolge vermitteln. Hilfreich ist es auch, sich hierzu das bekannte Eisberg-Modell der Kommunikation vor Augen zu führen. Auch dieses teilt, ähnlich wie das bereits im Kontext der Unternehmenskultur vorgestellte Eisberg-Modell nach Hall, ein Phänomen in zwei Teile: Einen bewussten Teil, der im Kommunikationskontext »Sachebene« genannt wird, und einen größeren unbewussten Teil, der unter der bewusst wahrnehmbaren Oberfläche liegt.

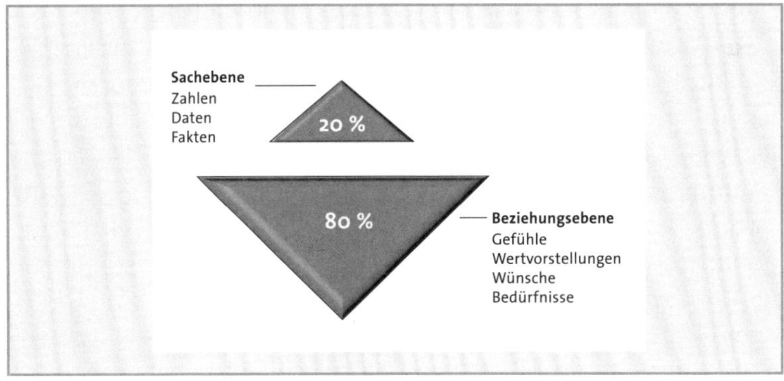

Abbildung 26: Das Eisberg-Modell der Kommunikation, eigene Darstellung

Das Modell zeigt, dass nur rund 20 % der Kommunikationsinhalte, die bei einem Empfänger ankommen, als Sachinformation wahrgenommen werden. Den weitaus größeren Teil einer Kommunikation macht mit 80 % die Beziehungsebene aus. Für eine erfolgreiche Kommunikation ist daher viel entscheidender, WIE eine Nachricht mitgeteilt als WAS inhaltlich mitgeteilt wird.

Bei der Kommunikation mit dem Unternehmensinhaber ist es deshalb für den Nachfolger besonders wichtig, auf die Beziehungsebene zu achten. Ein wertschätzender, konstruktiver und positiver Kommunikationsstil wirkt sich förderlich auf die Vertrauensbildung des Übergebers und damit auch die Teilung von sensiblen Wissensinhalten aus.

Die Situation des Nachfolgers

Die Entscheidung des Nachfolgers, ein Unternehmen zu übernehmen und verantwortlich weiterzuführen, ist eine mutige. Gerade in Zeiten des Fachkräftemangels und der Tatsache, dass nicht wenige (große) Unternehmen Stellen mit einem hohen Maß an Verantwortung, Entscheidungsfreiheit und Gestaltungsspielraum sowie einem lukrativen sozialversicherungspflichtigen Einkommen offerieren, stellen sich gerade junge Menschen die Frage, weshalb sie überhaupt das unternehmerische Risiko tragen und ein Unternehmen gründen oder im Rahmen der Nachfolge übernehmen sollten.

Und dennoch gibt es sie: Menschen, die sich bewusst für das Unternehmertun entscheiden und ihren Teil dazu beitragen möchten, dass es auch künftig noch eine Unternehmensvielfalt gibt, die Arbeitsplätze schaffen und erhalten wollen und die ihre Idee von einer unternehmerischen Vision verwirklichen möchten. Ihnen kann man zu dieser Entscheidung und zu ihrem Mut nur gratulieren.

Für Nachfolger bedeutet die Übernahme eines Unternehmens in der Regel daher im ersten Schritt eines: ein finanzielles Risiko. Egal, ob das Unternehmen im Rahmen eines Asset- oder Share Deals erworben wird, ob der Nachfolger aus der Familie, aus dem Unternehmen oder von extern kommt: Der Antritt der Nachfolge ist unbestreitbar mit einer finanziellen Unsicherheit verbunden. Nicht nur, dass der vereinbarte Kaufpreis finanziell gestemmt werden muss, was häufig noch unter Zuhilfenahme klassischer Finanzierungsinstrumente wie Darlehen oder Krediten passiert. Auch besteht trotz aller raffinierten und feingranularer Wertberechnungsverfahren und Fortführungsprognosen keine Garantie, dass das Unternehmen auch in Zukunft erfolgreich sein wird. »Tja, so ist eben die Wirtschaft. Wenn er damit nicht umgehen kann, muss er halt kein Unternehmer werden«, kann man jetzt etwas flapsig sagen und übersieht dabei den eigentlichen Kernpunkt: Der potentielle Nachfolger kann seinen Wunsch, Unternehmer zu sein, auch dadurch realisieren, indem er beispielsweise seine eigene Unternehmung gründet. Aber das Unternehmen kann nicht ohne einen Nachfolger fortgeführt werden.

Was können Senior-Unternehmer als konkret tun?

Auch für diese ist es wichtig, dem Nachfolger eine gewisse Form der emotionalen Anerkennung zu zeigen, wenn er sich für die Übernahme des Unternehmens entschieden hat. Diese sollte sich vor allem in drei Ks ausdrücken:

- Kommunikation,
- Kooperation,
- Kompromiss.

Die Umsetzung der Nachfolge ist eine gemeinschaftliche Aufgabe, ein Mannschaftssport. Senior-Unternehmer und Nachfolger bilden eine vorübergehende Trainer-Doppelspitze. Sie gelingt nur, wenn man gemeinsam an einem Strang zieht, gerade wenn es Mitarbeiter zu führen gibt. Es gibt emotional nachvollziehbare Gründe, warum Senior-Unternehmer Dinge anders sehen oder tun würden als der Nachfolger, keine Frage. Dass das Unternehmen heute ist, wie es ist, ist schließlich ihr Verdienst. Es gibt Dinge, die Senior-Unternehmer mit ihren Mitarbeitern erreicht haben, auf die sie wirklich stolz sein können. Sie haben das Unternehmen zu dem gemacht, was es heute ist und das verdient großen Respekt. Wie schade wäre es, wenn diese Leistung durch ein »grobes Fehlverhalten« am Schluss geschmälert würde? Wenn nun wichtige Informationen zurückgehalten werden würden, vielleicht aus Scham, weil es sich im Nachhinein als unternehmerische Fehlentscheidung herausstellte? Wenn man versucht, trotz klarer gegenteiliger Absprachen noch »hier und da« ein wenig zu helfen, weil man doch weiß, wie es geht. Dann hilft vielleicht die Vorstellung, dass es mit Unternehmen ein bisschen so ist wie mit Kindern: Sie müssen alleine laufen lernen, auch wenn sie bei den ersten Versuchen vielleicht auf die Windel fallen. Sie können verbal jederzeit wertvolle Tipps geben, aber auch Kinder müssen lernen, Konflikte selbstständig auszutragen und Herausforderungen eigenständig zu meistern. Das ist die eigentliche Aufgabe des Mentors: Zeigen, wie man es selbst macht, damit der Mentee es lernt und dann seinen eigenen Weg der Umsetzung findet.

Im Bereich der Finanzierung gibt es die Möglichkeit über Unternehmer-Darlehen nachzudenken, wenn die klassischen Finanzierungsinstrumente wie Kredite und Darlehen von Finanzinstituten nicht ausreichen. Ansonsten ist auch hier eine faire und transparente Kommunikation auf Augenhöhe und die Bereitschaft zum Kompromiss für den Erfolg des Nachfolgeprozesses wichtig.

Weitere Tipps für die Kommunikation mit Mitarbeitern

Neben dem Übergeber und dem Nachfolger spielen auch die Mitarbeiter im zu übergebenden Unternehmen eine wichtige Rolle. Auch mit ihnen sollte während des gesamten Prozesses wertschätzend und konstruktiv kommuniziert werden – und zwar unabhängig davon, ob sie Wissensträger und Experten auf einem Wissensgebiet sind.

Die Mitarbeiter sind sowohl mittelbar als auch unmittelbar am Wissenstransfer sowie am Prozess der Kulturtransformation beteiligt. Für sie handelt es hierbei buchstäblich um einen grundlegenden Change-Prozess, der von unterschiedlichen Emotionen begleitet wird. Gerade wenn der Nachfolger nicht aus dem Unternehmen oder der Eigentümerfamilie kommt, treten in der Regel zunächst Ängste und Unsicherheiten auf, die es ernst zu nehmen gilt.

Für den Prozess ist also eine transparente Kommunikation, die die Hintergründe und Ziele der einzelnen Prozessschritte verständlich erläutert und den Mitarbeitern das Gefühl gibt, aktiv mitgenommen zu werden, entscheidend. Auch ist es wichtig, dass sowohl der Übergeber als auch der Nachfolger geschlossen auftreten und ihre inhaltlichen Aussagen gegenüber den Mitarbeitern abstimmen. Gerade wenn während der Phase des Wandels sowohl Nachfolger als auch Senior-Unternehmer im Unternehmen sind, kann es sein, dass sich Mitarbeiter mit inhaltlichen Fragestellungen oder Entscheidungswünschen noch an den Senior-Unternehmer wenden. In diesem Fall ist es wichtig, dass dieser den Mitarbeiter an den Nachfolger verweist, damit dieser seine Rolle als künftiger Unternehmenslenker bereits frühzeitig ausfüllen kann.

Die Kommunikation zwischen Senior-Unternehmer, Nachfolger und Mitarbeitern lässt sich daher auch als Dreieck verstehen, die von allen Seiten eine erhöhte Sensibilität erfordert.

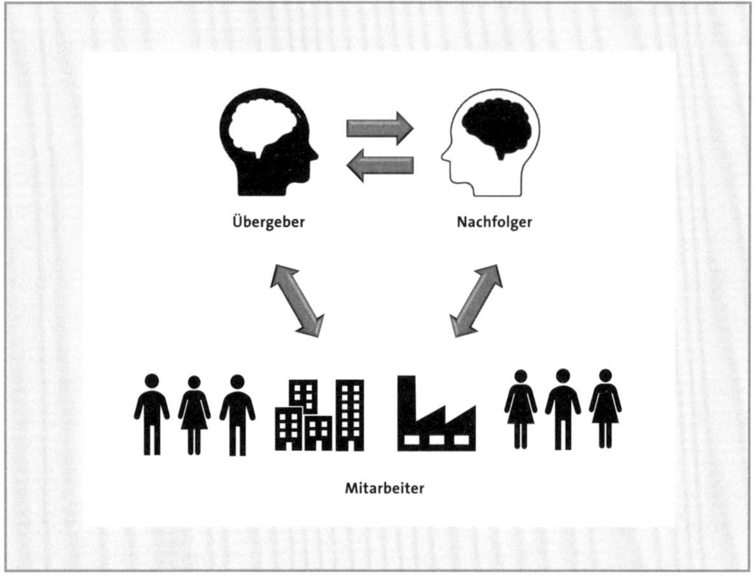

Abbildung 27: Kommunikationsdreieck zwischen Übergeber, Nachfolger und Mitarbeitern, eigene Darstellung

Mit Blick auf den Transformationsprozess ist genau diese Sensibilität weiterhin wichtig, um insbesondere die Mitarbeiter, die Wissensträger und Experten in ihren Fachbereichen sind, zur aktiven Mitarbeit im Prozess zu motivieren. Dies kann gelingen, wenn folgende Fragestellungen beachtet und beantwortet werden können, die sich Mitarbeiter im Rahmen des Prozesses stellen:

- Was bedeutet der Nachfolgeprozess konkret für mich persönlich?
- Was ändert sich im Unternehmen?
- Was ändert sich in meinem Aufgabenfeld? Welche Rolle werde ich künftig im Unternehmen spielen?
- Behalte ich meinen Job und dadurch meinen Lebensstandard?
- Warum kann nicht alles bleiben, wie es ist?
- Wie soll ich mit dem neuen Chef sprechen? Wie wird er mich behandeln?
- Wird mich der Nachfolger genauso verstehen wie der alte Chef?
- Warum genau soll ich mein Wissen weitergeben? Was habe ich davon?
- Wie lange wird es dauern, bis wieder Normalität herrscht?

Die Antworten auf diese Fragen im Hinterkopf zu haben, kann dazu beitragen, die Motivation von Mitarbeitern zur aktiven Mitwirkung im Wissenstransferprozess herzustellen. Da beispielsweise die Erstellung von Prozessdokumentationen, Fotodokumentationen, Wissenskarten etc. einen bestimmten Aufwand mit sich bringen, der oft neben dem regulären Tagesgeschäft absolviert werden muss, können auch Zahlungen von zusätzlichen Vergütungen motivierend wirken.

Gleichzeitig ist wichtig, bei der beschlossenen Strategie zu bleiben und nicht »heute so und morgen anders« zu argumentieren und zu kommunizieren. Die einmal beschlossene Linie sollte beibehalten werden, um den Mitarbeitern eine klare Orientierung zu geben. Wertschätzendes Feedback bei erwünschtem Verhalten ist hierbei besonders wichtig, um positive Entwicklungen zu bestärken.

Da nicht wenige Konflikte durch eine fehlgeschlagene Kommunikation entstehen können, ist es hilfreich, sich bestimmte Regeln für professionelles Feedback zu verinnerlichen.

Die Basis bildet hierbei die sogenannte »Gewaltfreie Kommunikation« (GFK), die der US-amerikanische Psychologe Marshall Rosenberg entwickelt hat. Sein Ziel war es, eine Kommunikationsform zu etablieren, die auch bei Konflikten Wertschätzung ausdrückt.

1. Der Anlass

Feedback sollte immer anlassbezogen gegeben werden, d. h. in einer konkreten Situation, in der ein Ereignis stattgefunden hat und das den Grund des Feedbacks bildet.

2. Vertraulichkeit

Ein Feedback sollte am besten immer im direkten persönlichen Gespräch unter vier Augen gegeben werden. Ist dies situativ nicht möglich, sollte zumindest darauf geachtet werden, dass sich keine weitere Person in Hörweite befindet.

3. Die Einwilligung

Auch wenn es für Unternehmenslenker zunächst aufgrund ihrer höhergestellten Position in der Hierarchie ungewohnt klingt, sich eine Einwilligung zu holen, ist dies dennoch sehr hilfreich. So kann es Situationen geben, in denen die Emotionen gerade so stark sind, dass verbale Informationen sachlich gar nicht mehr aufgenommen werden können. Durch die vorher eingeholte Einwilligung, z. B. durch die Frage »Ich würde dir gern kurz eine Rückmeldung geben, ist das für dich okay?« oder »Passt es dir gerade, sodass ich dir jetzt eine Rückmeldung geben kann?« hat der Empfänger des Feedbacks die Chance zu entscheiden, ob der Zeitpunkt augenblicklich günstig ist (und er sich auch inhaltlich mit dem Feedback auseinandersetzen kann) oder ob ein späterer Zeitpunkt besser wäre. Ein kurzer Rückblick auf das Eisbergmodell zeigt, dass 80 % der Kommunikation auf der Beziehungsebene ablaufen; dies gilt es zu berücksichtigen.

4. Die eigene Wahrnehmung in Form von Ich-Botschaften senden
Ich-Botschaften als subjektive Eindrücke wirken in der Regel weniger anklagend auf den Gesprächspartner und erhöhen damit auch die Bereitschaft, das Feedback innerlich anzunehmen.

Dabei wird zunächst nur eine persönliche Wahrnehmung geschildert, z. B.:

- *»Ich habe beobachtet, dass …«*
- *»Mir ist aufgefallen, dass …«*
- *»Ich habe den Eindruck, dass …«*

5. Die Wirkung der Wahrnehmung schildern
Was bedeutet die Wahrnehmung für einen selbst? Wie wirkt diese auf einen? Was macht es mit dem Feedbackgeber? Durch die Schilderung der Wirkung der Wahrnehmung auf den Feedbackgeber wird noch einmal die Subjektivität des Eindrucks deutlich:

- *»… das wirkt auf mich, als ob …«*
- *»… dadurch entsteht bei mir der Eindruck, dass …«*
- *»… das fühlt sich für mich so an, wie …«*

6. Fragen stellen
Um Hintergründe und Informationen zu den Ursachen des anlassbezogenen Verhaltens zu erfahren, hilft es, sachliche Fragen hierzu zu stellen:

- *»Woran liegt das?«*
- *»Was war der Anlass?«*
- *»Was war der Grund?«*

7. Wunsch formulieren
Mit dem Wunsch wird der abschließende Appell aus dem Feedback formuliert. Dieser sollte klar verdeutlichen, welches Verhalten künftig gewünscht wird, aber eben als Wunsch artikuliert werden.

- *»Ich wünsche mir, dass künftig …«*
- *»Ab jetzt würde ich mir wünschen, dass …«*
- *»Bitte lassen Sie uns in Zukunft …«*

Tipps für den Umgang mit Konflikten

Konflikte und Meinungsverschiedenheiten begegnen uns in vielen Situationen des Geschäftslebens. Auch der Wissenstransferprozess bildet hier keine Ausnahme. Aufgrund der unterschiedlichen Ebenen, die bei Kommunikationsprozessen wirken, ist es nicht ungewöhnlich, dass es an der einen oder anderen Stelle zu Störungen und Konflikten kommt. Diese können durch unterschiedliche Interpretationen zu geäußerten Inhalten oder Ansichten hinsichtlich der Wichtigkeit und Priorisierung bestimmter Themen entstehen. Die Ursachen für Störungen und Konflikte sind vielfältig und liegen oft in tiefen emotionalen Bereichen, die sich zum Teil auch der bewussten Wahrnehmung entziehen.

In diesen Situationen kann es zu einem Stocken des Wissenstransferprozesses kommen, das sich auch insgesamt beeinträchtigend auf den weiteren Nachfolgeprozess auswirken kann, da er die Handlungs- und Gestaltungsfähigkeit von Übergeber und Nachfolger einschränkt.

Ein Lösungsansatz kann hier in einer »strategischen Pause« liegen. Hierbei wird der Kommunikationsprozess für einen kurzen Zeitraum von ein bis zwei Stunden unterbrochen und beide Parteien holen erst einmal getrennt voneinander Luft. Meist findet in dieser Zeit eine rationale Auseinandersetzung mit dem Thema statt und es wird sich auch sachlich mit den Argumenten des Kommunikationspartners auseinandergesetzt. Sind die Emotionen abgekühlt, wird ein neuer Anlauf gestartet.

Auch der Einbezug von professionellen Beratern für die Prozessbegleitung ist sehr empfehlenswert. Diese können aufgrund ihrer über viele Jahre aufgebauten Expertisen und Erfahrungen besonders wertvolle Tipps, Hinweise und aktive Unterstützung für die erfolgreiche Gestaltung des Prozesses geben. Schließlich führen sowohl der abgebende Unternehmer als auch der Übernehmer den Nachfolgeprozess in der Regel nur einmal durch, sodass entsprechende Erfahrungswerte fehlen. Auch die Konsultation eines Mediators ist hier empfehlenswert.

5.4. Zusammenfassung: Emotionen spielen eine entscheidende Rolle im Veränderungsmanagement

Ein Veränderungsprozess ist ein komplexes Unterfangen, gerade wenn er die sensiblen Wettbewerbsfaktoren der Unternehmenskultur und der Wissensbasis betrifft. Neben den organisatorischen und technischen Herausforderungen spielt vor allem die zwischenmenschliche Ebene eine entscheidende Rolle. Veränderungsarbeit ist Emotionsarbeit und diese findet in der Regel unter der wahrnehmbaren Oberfläche statt, was den Prozess noch einmal zusätzlich erschwert. Ohne Reibungen wird es daher wohl nicht gehen.

Doch wenn es gelingt, einen Veränderungsprozess unter Berücksichtigung der emotionalen Faktoren aktiv zu gestalten und erfolgreich durch das »Tal der Tränen« zu gelangen, wie es in der Change-Kurve dargestellt wird, entsteht nicht nur eine Kultur, die künftig besser auf sich verändernde Anforderungen reagieren kann, sondern es entsteht auch ein Zugehörigkeits- und Gemeinschaftsgefühl, das selbst wiederum als Wettbewerbsfaktor wirkt.

6. Bonus: Das Momentum nutzen – Zukunft gestalten

Mit der Implementierung der neuen Unternehmenskultur und der Stabilisierung der Wissensbasis sind zwei wichtige Grundpfeiler für den nachhaltigen Erfolg und die Entwicklung des Unternehmens im Rahmen des Nachfolgeprozesses gesetzt. Beim Change-Management gilt jedoch wie im Fußball: »Nach dem Spiel ist vor dem Spiel.« Der Abschluss eines Prozesses markiert gleichzeitig den Beginn eines neuen. Dadurch kann die freigesetzte Veränderungsenergie, das Momentum, genutzt werden, um einen weiteren Erfolgsfaktor zutage zu fördern: Resilienz.

Resilienz meint hier die Widerstandskraft eines Unternehmens und die Fähigkeit, mit sich verändernden äußeren Umständen bzw. Rahmenbedingungen umzugehen. Hierzu gehören auch Krisensituationen, die sich in dynamischen Wettbewerbsumfeldern in mannigfaltiger Weise einstellen können. Hier erfolgreich zu bestehen, bedeutet mehr als sich bloß auf diese Veränderungen einzustellen und zu reagieren. Vielmehr gilt es, dauerhaft und gezielt proaktiv und flexibel zu handeln. Resilienz ist also eine Medaille mit zwei Seiten: Auf der einen Seite bedeutet sie sowohl für Unternehmer und Unternehmen als auch Mitarbeiter, beweglich zu sein und nicht im gegenwärtigen Status quo zu verharren. Auf der anderen Seite bedeutet Resilienz aber auch, aktiv und vorausschauend zu handeln und die Möglichkeiten zur konkreten Gestaltung von Situationen und Umständen zu nutzen oder sich diese auch selbst zu schaffen. Mit dem PDCA-Zyklus und dem 7S-Modell sollen hier zwei Konzepte vorgestellt werden, die einen Einstieg in die Welt der organisationalen Resilienz unterstützen können.

6.1. Der PDCA-Zyklus für kontinuierliche Verbesserung

Der von dem US-amerikanischen Physiker William Edwards Deming entwickelte PDCA-Zyklus ist ein vierstufiges Verfahren, das die Planung und Umsetzung von Prozessen unterstützt.

Es hilft nicht nur dabei, zu prüfen, ob sich laufende Prozesse »auf Kurs« befinden, sondern auch abzuleiten, welche Maßnahmen erforderlich sind, um den angestrebten Soll-Zustand zu definieren. Auch hilft es dabei, regelmäßige Lernerfahrungen zu erfassen, wodurch Wissensbasis und Unternehmenskultur im Betrieb positiv beeinflusst werden.

Dabei ist der PDCA-Zyklus iterativ zu verstehen; er ist also kein Prozess mit einem klaren Ende, sondern auf Dauer angelegt. Daher kann er als Prozess- und Managementtool fest in die Führungspraxis integriert werden.

Hierfür unterscheidet der PDCA-Zyklus vier Phasen:

1. Phase: Planen (Plan)

Die erste Phase im PDCA-Zyklus ist die Planungsphase. Hier werden zunächst der Ist-Zustand des Projektes oder Prozesses besprochen und anschließend das konkrete Ziel sowie Kennzahlen definiert, die den Erfolg als Soll-Zustand anzeigen. Auch gilt es in dieser Phase, einen Zeitplan abzustimmen sowie die Beteiligten an Bord zu holen, die den Prozess oder das Projekt unterstützen sollen. Weiter können auch bereits mögliche Risikofaktoren antizipiert werden.

2. Phase: Tun (Do)

Diese Phase setzt die in der Planungsphase erstellten theoretischen Überlegungen praktisch und aktiv in die Realität um. Dabei werden Erfahrungen gesammelt und Erkenntnisse gewonnen.

3. Phase: Kontrollieren (Check)

Durch regelmäßige Überprüfungen wird kontrolliert, ob der Prozess wie geplant verläuft und das Projekt »auf Kurs« ist. Die gemachten Lernerfahrungen und gesammelten Erkenntnisse helfen dabei, auch kleinere Abweichungen festzustellen und zu prüfen, ob sich diese zu größeren Herausforderungen entwickeln können. Dann sind gegebenenfalls »Kurskorrekturen« nötig, um den geplanten Verlauf nicht zu gefährden.

4. Phase: Agieren (Act)

Mit dieser Phase schließt der Prozess oder das Projekt ab und findet künftig auf geplante Weise Anwendung im Unternehmen, indem z. B. geplante Verbesserungen umgesetzt werden. In dieser Phase hilft es sehr, den Prozessverlauf und die die gemachten Lernerfahrungen zu reflektieren, um dadurch wichtige Erkenntnisse für künftige Projekte ableiten zu können.

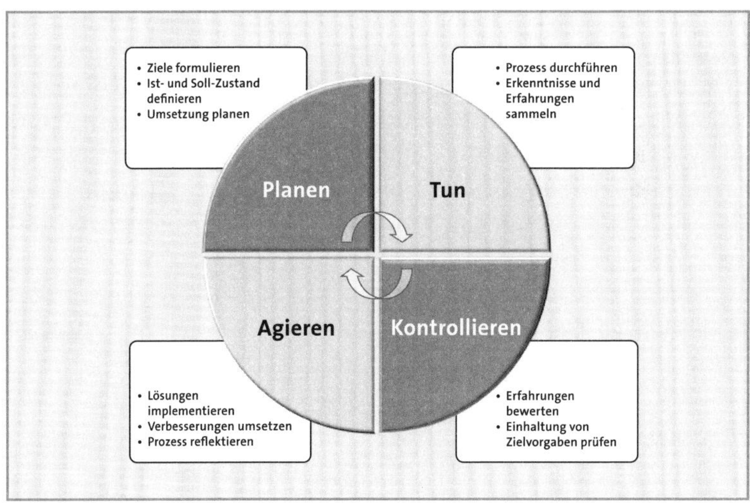

Abbildung 28: PDCA-Zyklus, eigene Darstellung

6.2. Das 7S-Modell von McKinsey

Als letztes Modell in diesem Buch soll hier das 7S-Modell von McKinsey angeführt werden. Dieses macht die Komplexität und das Ineinandergreifen der Bausteine von verschiedenen Systemen noch einmal sehr deutlich und kann dadurch als Schablone für eine künftige, erfolgsorientierte Unternehmensausrichtung angewendet werden.

Um eine gut arbeitende Organisation zu haben, müssen verschiedene Bausteine miteinander harmonieren. Für das Anstoßen von Entwicklungen müssen gleichfalls alle diese Bereiche im Zusammenhang betrachtet werden, damit sie abgewogen verändert werden können. Das ist leichter gesagt als getan, da komplexe Systeme nur schwer übersichtlich darzustellen sind. Ein praktischer Rahmen dafür ist das 7S-Modell. Wie bei einer Checkliste überprüft es alle Aspekte eines Unternehmens: Strategie, Struktur, Systeme und Prozesse, Unternehmenskultur, Mitarbeiter, Fähigkeiten und gemeinsame Werte.

Das 7S-Modell ist ein weiteres theoretisches Konstrukt, das in der Fachliteratur häufig im Zusammenhang mit der Unternehmenskultur angeführt wird. Es wurde in den 1980ern von Richard Pascale, Tony Athos, Tom Peters und Robert H. Waterman entwickelt, die zu dem Zeitpunkt als Berater für die Unternehmens- und Strategieberatungsgesellschaft McKinsey tätig waren. Pascale, Athos, Peters und Waterman untersuchten in dieser Zeit Erfolgsfaktoren von Managementmethoden und Organisationsformen in Spitzenunternehmen in Japan und Nordamerika. Die Resultate ihrer Untersuchungen flossen im 7S-Modell zusammen.

Dieses beschreibt sieben Dimensionen einer Organisation, die als erfolgsrelevant betrachtet werden können, da sie als die Grundlage für Wettbewerbsvorteile angesehen werden. Diese sind, allesamt mit dem Buchstaben S beginnend und daher dem Modell als Namensgeber dienend:

- Strategy
- Structure

- Systems
- Shared Values
- Skills
- Staff
- Style

Dabei gelten Strategy, Structure und Systems als harte Faktoren, die aufgrund des dynamischen Umfelds, in dem sich Unternehmen bewegen, regelmäßig, situativ und kurzfristig neu ausgerichtet werden müssen. Die Anpassung der vier weichen Faktoren, also Shared Values, Skills, Staff und Style hingegen ist als zeitlich längerfristiger Prozess zu betrachten.

Die Dimension der Strategie (Strategy) meint dabei die Ausrichtung des Unternehmens sowie die Maßnahmen, die das Unternehmen trifft, um auf Veränderungen der Umwelt reagieren zu können.

Mit der Dimension der Struktur (Structure) ist die Aufbauorganisation des Unternehmens gemeint. Dies inkludiert die hierarchische Grundordnung der Organisation samt Informationsflüssen und Weisungsbefugnissen.

Die Dimension der Systeme (Systems) beschreibt hingegen die Ablauforganisation eines Unternehmens sowie die hierfür notwendigen Rahmenbedingungen. Hierzu gehören Prozesse sowie eine entsprechende Infrastruktur, z. B. durch vorhandene Hardware und IT-Systeme.

Unter dem Stil (Style) wird gleichermaßen die Organisationskultur als auch das Rollenverständnis und der Führungsstil von Führungskräften verstanden.

Zu der Stammbelegschaft (Staff) zählen die Mitarbeiter einer Organisation sowie damit zusammenhängende Prozesse im Bereich der Personalabteilungen bzw. der Human Ressources.

Mit Skills sind die Spezialfähigkeiten einer Organisation sowie die Möglichkeiten zu deren Erlangung gemeint.

Die gemeinsamen Werte, die die sechs weiteren Dimensionen verbinden (Shared Values) bilden das Selbstverständnis des Unternehmens ab.

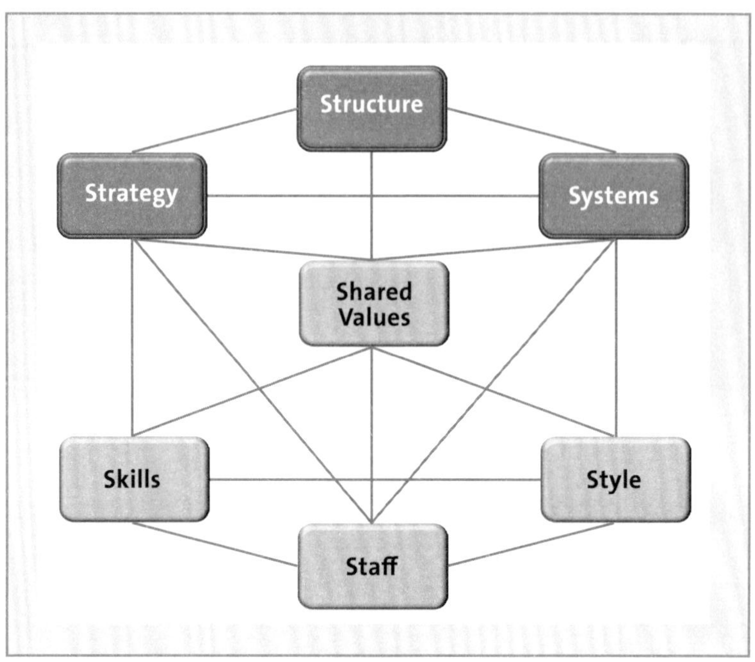

Abbildung 29: Das 7S-Model, eigene Darstellung

7. Schlussbetrachtungen: Die Unternehmensnachfolge als Chance

Egal, ob sie innerhalb der Familie durchgeführt wird, durch einen Mitarbeiter erfolgt oder über den Verkauf extern gelöst wird: Die Unternehmensnachfolge bleibt einer der spannendsten Momente in der Geschichte eines jeden Unternehmens im Mittelstand – und eine Aufgabe für Senior-Unternehmer und Nachfolger gleichermaßen, die berechtigterweise als »Königsdisziplin« bezeichnet werden kann.

Während die »klassische« Sach- und Fachliteratur zur Nachfolge hauptsächlich die »harten Faktoren« behandelt und beispielsweise Hinweise zu steuerlichen und rechtlichen Fragestellungen oder zur Prozessgestaltung beinhaltet, will dieses Buch ganz bewusst eine Lanze für die »weichen Faktoren« brechen. Denn diese wirken eben nur auf den ersten Blick wirklich »weich« und stellen sich bei genauerer Betrachtung schnell als kritische Erfolgsbausteine und Wettbewerbsfaktoren für die weitere Entwicklung des zu übertragenden Unternehmens heraus und sollten daher ebenfalls Gegenstand des Planungsprozesses sein. Eine strukturierte, aufgeräumte und stabile Wissensbasis, die über Jahre aufgebautes explizites und implizites Wissen durch die Anwendung unterschiedlicher Methoden erhält und anwendbar macht, ist hierfür ebenso Voraussetzung wie eine Unternehmenskultur, die Mitarbeitern Wertschätzung, Gestaltungsspielraum, Verantwortung und Lernerfahrungen ermöglicht.

Die zwischenmenschliche Ebene spielt in diesem umfassenden und sensiblen Veränderungsprozess eine entscheidende Rolle, wodurch der professionellen, wertschätzenden und klaren Kommunikation eine Schlüsselfunktion zufällt.

Auch hierzu will dieses Buch einen Beitrag leisten und damit in doppelter Hinsicht Mut machen: Der Nachfolgeprozess ist für Nachfolger und Senior-Unternehmer eine großartige Chance, den Betrieb nachhaltig fit und robust für die Zukunft zu machen und geht damit weit über die bloße Sicherung des eigenen unternehmerischen Erbes hinaus. Die aktive Gestaltung des Veränderungsprozesses unter Wertschätzung der Unternehmenskultur schafft für Mitarbeiter und Unternehmer gleichermaßen ein Zugehörigkeits- und Gemeinschaftsgefühl, das aufgrund der empfundenen Würdigung und Sinnhaftigkeit selbst wiederum als Wettbewerbsfaktor wirkt. Gleichzeitig hilft diese Lernerfahrung dabei, künftig noch besser auf sich verändernde Anforderungen reagieren zu können und trägt damit auch zur Schaffung eines resilienten Unternehmens bei.

»Grau ist alle Theorie«, sagt der Volksmund. Deshalb sollen die in diesem Buch beschriebenen Modelle und Methoden nicht nur auf gedanklicher Ebene wirken und Ihnen hoffentlich wertvolle Impulse geben. Mit den beiliegenden Arbeitshilfen und Anlagen möchte ich Ihnen auch konkrete Hilfestellungen für die praktische Umsetzung Ihres Prozesses mitgeben.

Dies verbinde ich auch gern mit der Einladung zum Dialog. Kaum ein Thema im betriebswirtschaftlichen Kontext ist so vielfältig und gleichzeitig so individuell wie die Unternehmensnachfolge in KMU, wie wir gesehen haben. Und Kommunikation ist, wie beschrieben, ein absoluter Schlüsselfaktor. Deshalb freue ich mich über Ihr Feedback per E-Mail an **christian.schuchardt@potsdam.de** oder Sie finden mich im sozialen Business-Netzwerk »LinkedIn« unter **https://www.linkedin.com/in/christian-schuchardt-8a8128ab**.

8. Resümee der eigenen Lernerfahrung

Das habe ich bei der Lektüre des Buches gelernt:
Das hat mich besonders überrascht:
Das möchte ich in meinem eigenen Wissenstransferprozess umsetzen:
Das brauche ich noch für die Umsetzung meines Veränderungsprozesses:
Das ist meine Strategie für eine Kulturveränderung:

Anhang 1: Wissensinventur

Mithilfe der Wissensinventurkarten können die für den Nachfolgeprozess relevanten Wissensgegenstände systematisch beschrieben werden.

Und so geht's

Notieren Sie auf der Wissensinventurkarte zu dem entsprechenden Wissensgegenstand (z. B. Finanzlage):

- den Ort (Wo findet sich der Wissensgegenstand?),
- den Wissensträger (Wer kann hierzu angesprochen werden?),
- die Transfermethode (Wie soll das Wissen übertragen werden?),
- die Terminierung (Bis wann soll der Transfer erfolgen?),
- den Risikowert (Wie kritisch ist das Wissen für die weitere Fortführung des Betriebs?).

Anschließend können Sie die Ergebnisse in der Checkliste unter Anlage 4 zusammenfassen. Hierdurch erhalten Sie einen strukturierten Überblick über besonders kritische Wissensgegenstände und können diese dann im Wissenstransferprozess selbst priorisieren.

Auch hilft diese Übersicht dabei, den Transferprozess insgesamt zu planen und die verschiedenen Methoden zu koordinieren.

Anhang 2: Beispiel ausgefüllte Wissensinventurkarte

Wissens-gegenstand	Lfd. Nr. 1	**Finanzlage:** Bilanzen, Jahresabschlüsse, Betriebswirtschaftliche Auswertungen (BWA)			
Ort (Wo finde ich den Wissensgegenstand?)	**Wissensträger** (Wer kann für den Wissensgegenstand angesprochen werden?)	**Transfermethode** (Wie soll das Wissen übertragen werden?)		**Risikobewertung** Negative Auswirkung bei Wissensverlust (1 bis 5)	5
Buchhaltungsunterlagen sind digital auf dem Laufwerk H:/Buchhaltung abgelegt *Physische Dokumente finden sich in den Schränken der Buchhaltung oder im Archiv, wenn sie älter sind*	*Esther Behrend* *Olaf Schulze*	*Flussdiagramm* *Dokumentation*		Wahrscheinlichkeit des Wissensverlusts durch Nachfolgeprozesse (1 bis 5)	4
		Terminierung (Bis wann soll das Wissen übertragen sein?)	31.12.20XX	**Risikowert** (Negative Auswirkung x Wissensverlust)	20

Anhang 3: Vorlage Wissensinventurkarte für eigene Wissensgegenstände

Wissens-gegenstand	**Lfd. Nr.**				
Ort (Wo finde ich den Wissensgegenstand?)	**Wissensträger** (Wer kann für den Wissensgegenstand angesprochen werden?)	**Transfermethode** (Wie soll das Wissen übertragen werden?)		**Risikobewertung**	
				Negative Auswirkung bei Wissensverlust (1 bis 5)	
				Wahrscheinlichkeit des Wissensverlusts durch Nachfolgeprozesse (1 bis 5)	
		Terminierung (Bis wann soll das Wissen übertragen sein?)		**Risikowert** (Negative Auswirkung x Wissensverlust)	

Anhang 4: Checkliste Zusammenfassung Wissensinventar

Hier können die Ergebnisse der Wissensinventur eingetragen werden. Dadurch sind die Wissensgegenstände mit einem hohen Risikowert direkt erkennbar.

Lfd. Nr.	Wissensgegenstand	Ort	Wissensträger
-	Beispiel	✓	✓
1	Finanzlage		
2	Organigramm		
3	Buchhaltungsprozesse		
4	Betriebliche Steuerungs- und Controllinginstrumente		
5	Prozessdokumentationen Leistungserbringung		
6	Steuern		
7	Bürgschaften, Garantien für Dritte		
8	Mietvertrag, räumliche Situation		
9	Gewerbliche Schutzrechte		
10	Inventarliste		
11	Rechtsstreitigkeiten		
12	Organisationsabläufe		
13	Waren- und Lagerbestand		
14	Maschinen und Anlagen		
15	EDV-Ausstattung		
16	Kundendaten		
17	Lieferantendaten		
18	Vertriebsprozesse		
19	Marketingprozesse		
20	Website		
21	Datenschutz-Grundverordnung		
22	Krisenmanagement		
23	Qualitätsmanagement		
24	Nachhaltigkeitsmanagement		
25	Personaldaten		
26	Betriebliche Altersvorsorge		
27	Handlungsvollmachten		
28	Arbeitsschutz		
Freier Platz für eigene Wissensgegenstände			

ansfermethode	Termin	Risikowert	Notiz
	31.12.20XX	12	*Thema muss priorisiert werden.*

Anhang 5: Beispiel Mikroartikel

BEISPIEL	Akku von Bohrmaschine KW-17 entladen
Datum	16.07.2022
Problem / Herausforderung ▶ Bitte kurz und prägnant beschreiben	*Die Akku-Bohrmaschine KW-17 funktionierte nicht.*
Ausgangssituation ▶ Wie und wann trat das Problem auf?	*Heute Morgen sollten auf der Baustelle Wagnerstraße 15 mehrere Löcher gebohrt werden. Direkt nach dem Auspacken des Werkzeugs stellte ich fest, dass die Akku-Bohrmaschine KW-17 nicht funktionierte. Es musste Netzstrom vom Nachbargrundstück organisiert werden.*
Lösung ▶ Wie wurde die Herausforderung gelöst? ▶ Welche Ansätze gibt es?	*Die Bohrmaschine wurde mit Netzstrom betrieben.* *Der Akku der Bohrmaschine hält je nach Gebrauch zwischen vier und sechs Stunden. Nach dieser Zeit müssen die Akkus wieder aufgeladen werden. Daher sollten alle Akkus am Ende des Arbeitstags in die Ladestation gesteckt werden, damit sie am nächsten Morgen geladen sind.*
Weitere Informationen ▶ Was gibt es noch zu beachten? ▶ Wo finden sich noch ergänzende Informationen?	*Die Ladestationen befinden sich im Materiallager im Regal E-11.*
Verfasser ▶ Vorname, Name	*Klaus Schnellbrink*
Suchbegriffe ▶ Unter welchen Stichwörtern soll der Artikel zu finden sein?	*Bohrmaschine, Akku, Ladestation*

Anhang 6: Vorlage Mikroartikel

THEMA	
Datum	
Problem / Herausforderung ▶ Bitte kurz und prägnant beschreiben	
Ausgangssituation ▶ Wie und wann trat das Problem auf?	
Lösung ▶ Wie wurde die Herausforderung gelöst? ▶ Welche Ansätze gibt es?	
Weitere Informationen ▶ Was gibt es noch zu beachten? ▶ Wo finden sich noch ergänzende Informationen?	
Verfasser ▶ Vorname, Name	
Suchbegriffe ▶ Unter welchen Stichwörtern soll der Artikel zu finden sein?	

Digitale Zusatzinhalte zum Buch

Weitere nützliche Checklisten und Übersichten finden Sie im Download-Bereich des GABAL eCAMPUS. Um auf diese kostenlosen Zusatzinhalte zugreifen zu können, müssen Sie sich einmalig auf dem GABAL eCAMPUS registrieren.

Um die Zusatzinhalte herunterladen zu können, gehen Sie auf: https://gabal-ecampus.de/downloads/course/digitale-zusatzinhalte-zum-buch-unternehmensnachfolge-in-kmu-von-christian-schuchardt

oder scannen Sie den folgenden QR-Code:

Schritt-für-Schritt-Anleitung

Schritt 1: **a)** Oben stehenden **QR-Code** scannen
oder
b) Adresse in Browser eingeben
Schritt 2: auf den Button »Starten« klicken
Schritt 3: Registrierung
1. Die erforderlichen Felder ausfüllen und sicheres Passwort wählen (8 Zeichen, darunter 1 Großbuchstabe, 1 Zahl, 1 Kleinbuchstabe und 1 Sonderzeichen).
2. Auf »Registrieren« klicken
Schritt 4: Aktivierung des Zugangs mit Klick auf Bestätigungsmail
Schritt 5: Zusatzinhalte freischalten
1. Klick auf »Starten«

Ab sofort können Sie im Browser durch Klick auf die Materialien direkt auf die digitalen Zusatzinhalte gelangen.

Anmerkungen

1 Vgl. Bundesministerium für Wirtschaft und Klimaschutz: https://www.bmwk.de/Redaktion/DE/Dossier/politik-fuer-den-mittelstand.html, Abruf 06.08.2022

2 Bundesamt für Statistik, Bevölkerung im Wandel, Annahmen und Ergebnisse der 14. koordinierten Bevölkerungsvorausberechnung, https://www.destatis.de/DE/Presse/Pressekonferenzen/2019/Bevoelkerung/pressebroschuere-bevoelkerung.pdf?__blob=publicationFile, Abruf 05.08.2022

3 KfW Research, Fokus Volkswirtschaft, Juni 2022, https://www.kfw.de/PDF/Download-Center/Konzernthemen/Research/PDF-Dokumente-Fokus-Volkswirtschaft/Fokus-2022/Fokus-Nr.-386-Juni-2022-Nachfolge.pdf, Abruf 17.07.2022

4 IfM Bonn, Unternehmensnachfolge in Deutschland 2022 bis 2026, https://www.ifm-bonn.org/publikationen/externe-veroeffentlichungen/detailansicht/unternehmensnachfolgen-in-deutschland-aktuelle-schaetzung-des-ifm-bonn, Abruf 17.07.2022

5 Statistisches Bundesamt, Gewerbeanzeigenstatistik, https://www.destatis.de/DE/Themen/Branchen-Unternehmen/Unternehmen/Gewerbemeldungen-Insolvenzen/Tabellen/list-gewerbemeldungen.html, Abruf 05.08.2022

6 Aktueller Zinssatz für 10-jährige Bundesanleihen https://www.finanzen.net/zinsen/10j-bundesanleihen, Abruf 12.08.2022

7 Aktuelle Inflationsrate des Statistischen Bundesamts https://www.destatis.de/DE/Presse/Pressemitteilungen/2022/08/PD22_336_611.html, Abruf 12.08.2022

8 s. Nachfolgereport DIHK 2020, https://www.dihk.de/de/themen-und-positionen/wirtschaftspolitik/gruendung-und-nachfolge-unternehmensfinanzierung/unternehmensnachfolge/umfrage-zur-unternehmensnachfolge-34648, Abruf 13.08.2022

9 Siehe Nachfolgemonitor 2022, Sonderausgabe Handwerk, https://www.nachfolgemonitor.de/downloads/

10 Vgl. Probst et al. (2010)

11 Vgl. Studie »What people want – job satisfaction takes more than just a paycheck«, https://www.hays.com/resources/what-people-want-2017, Abruf 22.08.2022

12 Vgl. https://www.acmpnorcalchapter.org/changemanagement-articles/2022/1/26/toxic-culture-is-driving-the-great-resignation, Abruf 22.08.2022

13 Vgl. https://www.handwerksblatt.de/betriebsfuehrung/fachkraeftemangel-killt-wachstum, Abruf 22.08.2022

14 Vgl. Gabler Wirtschaftslexikon, https://wirtschaftslexikon.gabler.de/definition/unternehmenskultur-49642, Abruf 16.08.2022

Literaturverzeichnis

Berner, W. (2019): Culture Change – Unternehmenskultur als Wettbewerbsvorteil, Schäffer-Poeschel Verlag für Wirtschaft, Steuern, Recht, Stuttgart

Deutlinger, G. (2013): Kommunikation im Change – Erfolgreich kommunizieren in Veränderungsprozessen, Springer, Berlin Heidelberg

Ehemann, J. (2010): Unternehmensinterner Wissenstransfer – Eine besondere Herausforderung in Zeiten des demografischen Wandels, VDM Verlag, Saarbrücken

Erlach, C. / Orians, W. / Reisach, U. (2013): Wissenstransfer bei Fach- und Führungskräftewechsel – Erfahrungswissen erfassen und weitergeben, Carl Hanser Verlag, München

Kotter, J.P. (1992): Corporate Culture and Performance, Free Press, 1992

Leonard, D. / Swap, W. (2005): Deep Smarts – how to cultivate and transfer enduring business wisdom, Harvard Business School Publishing Corporation

Meyer, J.-A. (2005): Wissens- und Informationsmanagement in kleinen und mittleren Unternehmen, Josef Eul Verlag, Lohmar-Köln

Nonaka, I. / Takeuchi, H. (1997): Die Organisation des Wissens – Wie japanische Unternehmen eine brachliegende Ressource nutzbar machen, Campus Verlag, Frankfurt/Main

North, K. (2021): Wissensorientierte Unternehmensführung – Wissensmanagement im digitalen Wandel, Springer Fachmedien, Wiesbaden

Pircher, R. (2010): Wissensmanagement – Wissenstransfer – Wissensnetzwerke, Publicis Publishing, Erlangen

Probst, G. / Raub, S. / Romhardt, K. (2010): Wissen managen – Wie Unternehmen ihre wertvollste Ressource optimal nutzen, Gabler, Wiesbaden

Sauter, W. / Scholz, C. (2015): Kompetenzorientiertes Wissensmanagement, Springer Fachmedien, Wiesbaden, Kindle-Version

Schmid, H. (2013): Barrieren im Wissenstransfer – Ursachen und deren Überwindung, Springer Fachmedien, Wiesbaden, Kindle-Version

Schrader, J. (2008): Lerntypen bei Erwachsenen, Verlag Julius Klinkhardt, Bad Heilbrunn

Stahl, H. / Hinterhuber, H. (2016): Erfolgreich im Schatten der Großen – Wettbewerbsvorteile für kleine und mittlere Unternehmen, Erich Schmidt Verlag, Berlin

Stichwortverzeichnis

Über den Autor

Christian Schuchardt wurde 1984 in Bremen geboren. Seit 2018 lebt und arbeitet er in Potsdam. Nach seiner kaufmännischen Berufsausbildung studierte er berufsbegleitend Wirtschaftspsychologie und bildete sich zum Diplom-Betriebsorganisator weiter. Die Kombination von psychologischem Hintergrundwissen und einer wirtschaftlichen Denkweise spezialisierte er vor allem in der Steuerung und Umsetzung von umfassenden betrieblichen Veränderungsprozessen. So konnte er in verschiedenen Führungspositionen, u. a. bei Unternehmen im Energiesektor, im Dialogmarketing und in der Filmbranche, erfolgreich Change- und Entwicklungsstrategien umsetzen, die auch Transaktionsprozesse umfassten. Seit 2020 ist er Projektreferent für Unternehmensnachfolge bei der Industrie- und Handelskammer in Potsdam und begleitet dort Unternehmen bei der großen Herausforderung des Generationswechsels. Hier entwickelte er mit dem »Nachfolge-Canvas« und dem »Übergabereifegrad« zwei innovative und wirkungsvolle Tools, die vor allem Senior-Unternehmer bei den diversen komplexen Fragestellungen der Unternehmensnachfolge unterstützen. Weiter gehört dort, neben der Entwicklung von Online- und Präsenzveranstaltungen und Informationsangeboten, auch das Halten von Vorträgen vor Unternehmen, Verbänden und Wirtschaftsfördereinrichtungen in Brandenburg zu seinem Aufgabengebiet.

GABAL

MITARBEITER FÖRDERN, UNTERNEHMEN VORANBRINGEN

Alle Bücher zu den Themen Management & Führung finden Sie auf www.gabal-verlag.de!

ISBN 978-3-96739-088-9

ISBN 978-3-96739-110-7

ISBN 978-3-96739-089-6

ISBN 978-3-96739-097-1

ISBN 978-3-96739-094-0

ISBN 978-3-96739-091-9

Schauen Sie vorbei auf **www.gabal-magazin.de**
oder folgen Sie uns auf unseren Social-Media-Kanälen!